JN171714

農産物販売における
ネット活用戦略

ネット販売を中心として

伊藤 雅之 著

筑波書房

はじめに

　本書は，農産物を生産している生産者・団体の方々が，ネット活用，特にネット販売に関する実態や取り組み方法について理解を深めることを目的にしている。このため，すでにネット販売に取り組んでいてさらに拡大したい場合どう発展していくべきか，取り組んでいるがうまくいっていない場合どのように方向転換すべきか，これから取り組もうとしている場合何から始めたらよいかといった課題に関する判断材料を提供する。

　農産物のネット販売は，アパレルやパソコンなどと比べて普及しにくいといわれてきた。しかし，消費者は，スマホやSNSの普及に伴い，ネット販売を賢く活用するようになったことによって，コンビニの持ち帰りコーヒーがコーヒーサービス市場で新しい需要を創造したように，ネット販売市場における農産物購買が，新しい需要を創造する可能性がでてきた。

　新しい需要が創出されると，多くの事業者が参入することに伴って，事業者間の競争が激しくなる。このとき，事業者は，さまざまな意図や目的を持ってネット販売へ参入する。事業者の取り組みが成功するか失敗するかは，この目的を達成したかどうかで決まる。したがって，ネット販売戦略は，事業者の参入目的ごとに，それに適合して作成されなければならない。コストがあまりかからないので，とりあえずホームページを作成してみよう，あるいはショッピングモールサイトへ出店してみようというように目的があいまいなままでネット販売に取り組んだ場合，成功したかどうかの判断もしにくい。

　2016年に約700の農業法人に対し，ネット販売に取り組んでいるかどうかについてアンケートを実施した。返答があったのは，約120法人であり，ネット販売に取り組んでいる法人は約6割，昔取り組んでいたが今は取り組んでいない法人は約1割，取り組んだことのない法人は約3割であった。全体

的にネット販売への取組姿勢は，積極的であるといえそうである。また，ホームページを開設し農産物のネット販売に取り組んでいる約300の生産者・団体へ，その実態についてメール等で尋ねた。その結果，返答があったのは約4分の1であった。したがって，ホームページは開設されているものの，その後の維持管理がなされていないものが，約4分の3に達していると推測される。また，コンタクトできた生産者・団体についても，その声には，「弊社のホームページに商品紹介としてあげていますが，積極的な展開はしていません」「先月に開始したばかりでうまくいっている，いっていないという判断を出すことができません」「弊社のネット販売担当者は長期不在となっています」「弊社は対面販売や業者への卸販売を中心に行っており，ネット販売はどちらかというと補助的な位置づけで運営しています」といった内容に類似したものが多く，このような声は，コンタクトできた生産者・団体の約半数の割合であった。ホームページを継続的に維持管理している生産者・団体でもその約半分は，ホームページを販売チャネルとして位置づけておらず，それ以外の役割で位置づけている。もしかすると，ネット販売に取り組んだが，期待したような売上を確保できず，悩んでいる状況にあるのかもしれない。ホームページを開設している生産者・団体の全体像を俯瞰すると，次のとおりと考えられる。全体の約4分の3は，ホームページを開設した初期時点では，売上の向上を期待していたが，期待以下の売上しか達成できなかったので維持管理もしなくなっている。約8分の1は，維持管理しているが，売上確保以外の役割を担う，たとえばイベント開催の告知，栽培情報の提供を行うようになっている。約8分の1は，現時点でも売上確保をめざしている。多くの生産者・団体は，ネット販売に取り組む際，相応の売上確保を目指していたが，思い通りにいかなかった場合，達成のための戦略があいまいなため，消極的な対応になってしまったのではないかと思われる。

　多くの生産者・団体は，ホームページを作成するためのコストはそれほど高額でないことから，とりあえずホームページを作成すれば，売上は増えるだろうという考えで，ネット販売に取り組んだ。このうち，約8分の1の生

産者・団体は，現時点でも売上確保をめざしている。継続的にネット販売に取り組んでいる生産者・団体は，自社ホームページのアクセスアップ方策，ショッピングモールサイトへの出店，サイト制作企業との連携，担当する人材の確保・育成，IT投資ポートフォリオの検討などを行っている。本書で個別紹介する事例の多くは，ここに該当する。これ以外の約8分の7の生産者・団体は，期待どおりの売上が確保できず，現時点ではネット販売を諦めている，あるいはどうしようか迷っている。後者の生産者・団体については，追加コストをかけられない状況で，そのまま放置せざるをえない状況に陥っているのではないか。ここで必要なことは，インターネット利用への取り組みに関する戦略構築である。インターネット利用におけるアクセスアップの方法，効果的なコンテンツライティングといったスキルの解説書は市販されているが，ネット販売を農産物の生産や加工とどのように結びつけ組み合わせていったらよいのかに関する書籍は少ない。

　本書は，農産物のネット販売の全体動向・個別動向を整理したうえで，生産者・団体が有するネット販売への参入目的はどのように類型化されるか，その内容はどのようなものかを提示する。また，生産者・団体の特性を踏まえ，ネット販売を中心としたネット活用戦略のあり方を例示するものである。農産物販売におけるネット活用では，たとえば次のような課題も存在する。「これからネット活用に取り組みたいが，ネット販売に取り組むべきか」「ネット販売に取り組んだが，期待した売上を確保できなかった場合，その後の対応としてネット活用を断念する，ネット販売以外で活用する，ネット販売にさらに取り組む，のいずれを選択すべきか」である。本書は，このような課題に正面から取り組んではいない。本書は，生産者・団体がネット販売を中心としたネット活用に取り組むとした場合，どのような戦略をとることが望ましいのかを主要な検討対象としており，ネット販売に取り組むべきかどうかの判断材料についてはわずかに触れているに過ぎない。逆に，本書を読んで，生産者・団体の方々が，ネット販売へ取り組んでみたいと思っていただければ幸いである。

　実態としては前述のとおり，ネット販売への取り組みが順調に進んでいるケースは少ないが，売上拡大に直接貢献するといった観点から，ネット活用戦略においてネット販売戦略は重要である。本書で個別紹介する事例を読んでいただければ，生産者・団体の方々が，どのような創意工夫をしているかについての一端をご理解いただけると思う。自らの状況と比較して参考になりそうな内容については取り入れていただければ幸いである。筆者は，生産者・団体の方々が，農産物のネット販売に積極的に取り組み，ネット販売市場を主導していくことを願っており，これに貢献したいと考えている。なぜなら，生産者・団体によるネット販売への取り組みが，大きな流れとなれば，わが国の大きな課題の一つである地方の活性化にも結びつくはずだからである。

　最後になりましたが，本書の出版にあたって筑波書房の鶴見治彦氏に大変お世話になりました。ここに心から厚く御礼申し上げます。また，お忙しいところ，事例収集にご協力していただいた生産者・団体の皆様方にも厚く御礼申し上げます。諸先生方からのご指導や家族からの協力にも感謝申し上げます。

目　次

はじめに …………………………………………………………………………… 3

第1章　ネット販売の概要 ………………………………………………… 11
　　1　ネット販売とは ……………………………………………………… 11
　　（1）ネット販売の位置づけ ……………………………………………… 11
　　（2）ネット販売とは ……………………………………………………… 12
　　（3）ネット販売のパターン ……………………………………………… 15
　　2　ネット販売の歴史 …………………………………………………… 17
　　3　ネット販売の普及要因 ……………………………………………… 22

第2章　ネット通販の実態 ………………………………………………… 25
　　1　生産者・団体の取り組み実態 ……………………………………… 25
　　（1）実態把握の視点 ……………………………………………………… 25
　　（2）データの収集 ………………………………………………………… 26
　　（3）全体傾向に関する分析 ……………………………………………… 28
　　2　消費者の利用特性 …………………………………………………… 32
　　（1）全体的な傾向 ………………………………………………………… 32
　　（2）ライフスタイルとネット購入 ……………………………………… 34
　　（3）野菜のネット購入 …………………………………………………… 44
　　（4）地域特産品のネット購入 …………………………………………… 52
　　（5）消費者のネット購入実態に基づく留意点 ………………………… 58

第3章　生産者・団体の取り組み事例 …………………………………… 63
　　1　個別事例 ……………………………………………………………… 63
　　（1）果物多品目 …………………………………………………………… 63

（2）果物少品目 ……………………………………………… *71*

（3）野菜 ……………………………………………………… *86*

（4）乳製品 …………………………………………………… *91*

（5）コメ …………………………………………………… *97*

2 事例から見たネット販売の特徴 …………………………… *100*

（1）共通して観察される事項 ……………………………… *100*

（2）ネット販売への取り組みに影響を与える切り口 …… *103*

第4章 ネット販売に取り組む際の課題 …………………… *111*

1 全体的な課題 ………………………………………………… *111*

（1）ネット販売の位置づけ ………………………………… *111*

（2）類型別の全体的な取り組み課題 ……………………… *114*

2 ネット販売へ取り組むにあたってあらかじめ検討すべき課題 … *117*

（1）課題の特定 …………………………………………… *117*

（2）リスク管理での課題 ………………………………… *118*

（3）人材確保・育成での課題 …………………………… *120*

（4）コラボレーションの課題 …………………………… *122*

第5章 競争戦略 ………………………………………………… *125*

1 競争戦略の考え方 …………………………………………… *125*

（1）競争戦略の意義 ……………………………………… *125*

（2）バリューチェーンの明確化 ………………………… *126*

（3）競争戦略が満たすべき条件 ………………………… *128*

2 収集事例へのあてはめ ……………………………………… *133*

3 撤退戦略 ……………………………………………………… *136*

（1）撤退の必要性 ………………………………………… *136*

（2）リーダーシップの発揮 ……………………………… *140*

第6章 競争戦略の例示 ……………………………………… *143*

1 特徴ある価値提案の例示 …………………………………… *143*

（1）戦略的思考の必要性 ……………………………………… *143*

（2）特徴ある価値提案の例示 ……………………… *145*

2　調整されたバリューチェーンの例示 ……………… *148*

第7章　ネット販売への取り組みに向けて……………… *155*

1　全体戦略………………………………………………… *155*

（1）全体戦略の必要性と位置づけ ……………………… *155*

（2）全体戦略の作成 ……………………………… *156*

2　販売するサイトの選択……………………………… *159*

（1）サイトの特徴を踏まえる ……………………… *159*

（2）生食品をメインとしてネット販売する ……… *160*

（3）生食品と加工品をネット販売する ………… *161*

3　ホームページ作成の取り組み手順……………… *162*

（1）段階的な取り組み ……………………………… *162*

（2）取り組みの内容 ……………………………… *163*

4　ネット販売取り組みのチェックポイント ……… *168*

索引 ………………………………………………………… *171*

第**1**章

ネット販売の概要

　本章では，ネット販売に関する基本的な共通認識を醸成する。まず，ネット販売を定義し，食品を主な対象として，ネット販売の普及の歴史を振り返る。そのうえで，ネット販売が社会へ浸透してきた要因を整理する。

1　ネット販売とは

（1）ネット販売の位置づけ

　生産者・団体は，生産，加工，物流，販売，サービス，告知，交流，コミュニケーション，リクルート等の様々な分野においてネット活用を検討することができる。たとえば，生産における圃場管理や栽培管理，加工における工程管理や在庫管理においてネット活用が試みられている。本書は，販売チャネル管理におけるネット活用を検討対象とし，キーワードとして「農産物」，「ネット販売」，「戦略」を中心に据える（**図1-1**）。

　まず，生産者・団体の方々が，これらの概念，実態，関連性についての共通理解を持つところから議論を進めたい。

　農産物とは，農業による生産物であり，わが国において，生産・流通，政策・制度，安全，貿易，文化，生活など様々な観点から議論がなされてきた。

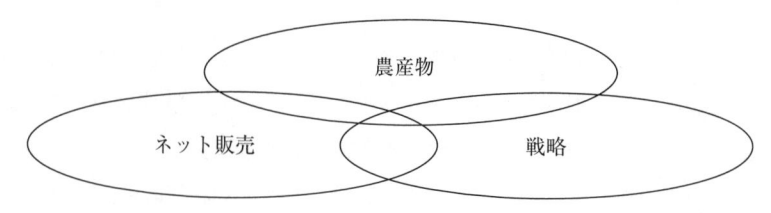

図1-1　本書のテーマ

ネット販売は，1990年代に始まったインターネット革命後にイノベーション
やベンチャーと関連づけて議論されてきた。戦略は，経営学の一分野として
企業経営者の要望や外部環境に応じて，時々の時代背景やリーダー企業の動
向にあわせて議論されてきた。

　これまで，これらを関連づけてメインテーマとして論じた書籍は存在しな
い。農産物は，工業製品と異なる生産・流通特性や事業構造を有している。
このため，ネット販売の普及動向や普及要因は機械製品や書籍，日用品等と
異なる。また，農産物の生産は，天候や地形等の影響を受けやすいので，植
物工場での生産以外では工業製品の生産と同様な計画性の高い戦略を検討し
にくい。さらに，農産物の生産を担っている主体は，家族的な経営，あるい
はそれに近い経営形態に従っている場合が多く，企業組織のトップやベン
チャーが有している全社戦略的な，あるいは事業戦略的な発想を必ずしも必
要としてこなかった。

　今後，データの活用がますます重要となることは論を待たない。1970年代
から始まった情報化・コンピュータ化においては，産業の情報化，社会の情
報化，生活の情報化といった発展経路をたどってきたが，現在は，購買行動
の多様化やSNSの普及をはじめとして生活の情報化が進展する時期である。
望ましい超高齢社会や健康志向社会，地域創生社会を構築するためには，農
産物の生産・流通が重要な役割を果たす必要がある。役割を果たす手段の一
つとして，消費者による農産物のネット購入を望ましい方向へ導いていくた
め，生産者・団体によるネット販売戦略が重要な意義を持つのである。

（2）ネット販売とは

　ネット販売は，スーパーや百貨店，コンビニ等リアル店舗以外で販売を行
う無店舗販売の一形態である。無店舗販売には，主に，訪問販売，テレビ・
ラジオ・新聞・雑誌等販売，カタログ販売，ネット販売が含まれる。郵便や
通信で注文を受け付ける，テレビ・ラジオ・新聞・雑誌等販売，カタログ販
売，ネット販売を総称して通信販売という。

　訪問販売では，営業員が商品やカタログを消費者宅へ持参し，その場で販売する。古くからある販売形態である。

　テレビ・ラジオ・新聞・雑誌等マスメディア販売では，これら媒体を通じて，商品を紹介し，電話やはがき等によって注文を受ける。テレビショッピングについては，健康食品を中心として，近年活況を呈している。

　カタログ販売では，消費者がダイレクトメールで消費者宅へ郵送されるカタログ雑誌・冊子，あるいは郵便局や駅，スーパー等に置いてあるカタログを閲覧し，気に入ったものを電話や郵便等で注文する。

　「ネット通販」ということばが使われることもある。「ネット通販」は，インターネットサイトを介して，商品やサービスの売買を行うものである。生産者・団体等販売する側が，インターネットサイトを介して農産物やその加工品を販売することは「ネット販売」という。「ネット通販」とは「ネット通信販売」，すなわち，売り手がインターネットサイトを介して販売し，買い手は通信手段を用いて購入することを意味する。たとえば，カタログ通販では，カタログが郵送等で送られてきて，消費者はそれを見て気に入ったものを電話，FAX，郵便等で購入申し込みをする。購入申し込みの手続きが，通信で行われるので，カタログ通販（カタログ通信販売）といわれる。一方，カタログ販売では，リアルなお店にカタログが置いてあり，消費者はそれを見て気に入ったものをその場で購入申し込みをする。ほとんどの場合，購入申し込みに通信手段が用いられることはない。インターネットサイト上では，消費者はサイトへアクセスし，気に入ったものがあれば，そのサイト上で購入申し込みをする。多くの消費者は，インターネット上で商品検索・選択と購入申し込みを行う。購入申し込みは，買い物かご，あるいはeメールで行われることがほとんどであるので，購入申し込み手段の違いは小さい。

　ネット販売を包含する言葉として電子商取引（eコマース）があるが，これは，通信回線を介して売買を行うことを指す。売買の当事者によって，B to C（対消費者販売）とB to B（対事業者販売）に分けられるが，本書では主にB to Cを対象とする。また，B to Cは，物品を対象とした物販系，予約

や金融取引等サービス系，ゲームや音楽等デジタル系に分けられる。本書のテーマであるネット販売は，物販系に含まれる。

ネット販売では，消費者がインターネットサイトへアクセスし，買いたい商品を見つけた後，eメールや買い物かごで注文する。インターネットサイトには，商品とその価格が表示されなければならない。したがって，インターネットサイトにおいて，商品のみ表示し注文は問い合わせて決定する，あるいは，○○店舗で販売しているという告知のみを行っている販売方式は，ネット販売に含めない。

商品購入におけるリアル店舗販売とネット販売の特徴を比べてみよう。

ネット販売では，商品選択において空間的距離，および注文時と支払い時の時間的距離が存在する。

空間的距離とは，商品選択における消費者と商品の間の距離をさす。リアル店舗販売では，消費者が棚に並べてある商品を選択し購入するので，商品選択における空間的距離は存在しない。ネット販売では，インターネットの画面上で見ている商品を選択しても，それが手に入る商品であるとは限らない。アパレル商品や書籍等ではそれほど大きな障壁とならないが，生鮮農産品では一定程度の障壁となる。すなわち，リアル店舗では，実物を手にとって観察・吟味できるが，ネット販売ではこれが不可能な場合がほとんどである。食品の試食もできない。加えて，画像や文章でおいしさや風味を伝えることは困難を伴う。重さや長さ，栄養成分，糖度等平均的物理的な特徴を伝えることはできるが，それでも画像でアップされている商品自身が，家庭に届くとは限らない。商品の均一性がより高い農産加工品は，生鮮農産物よりもネット販売に適する。確かに前者のほうが日持ちはするが，その分，参入事業者も多く競争状況は激しくなる。たとえば，ジュースやジャムなど果物加工品にしても，他との差別化を明確にしにくいので価格競争に陥りがちである。一方で，新鮮さや生産者・団体の素性の明確さを強調することはできる。すなわち，再配達のないように受け取るという前提のもとで，○月○日○時に○さんが収穫したものを届けるということは，リアル店舗での販売よ

りも鮮度面で優位性を有している。また，ネット販売では，農産物の規格外品を販売することができる。よくいわれるように，まっすぐなキュウリと曲がったキュウリとが同時に店頭に並べられていると，まっすぐなキュウリのほうから売れていく。前者のほうが物流コストも低廉である。このためリアル店舗では極端に曲がったキュウリが棚に並べられることはほとんどない。規格外品は自家消費や加工品原材料に用いられることが多いが，ネット販売では価格を工夫すれば，そのままの形で販売することができる。

　時間的距離は，売買の成立と料金の支払い時期がずれることである。リアル店舗販売では，ほとんどの場合，商品の所有権移転と料金支払いが同時に行われる。ネット販売では，前払い，あるいは後払いのいずれかを決定しなければならない。配送中の対応が原因で鮮度が失われることもあり，事故や事件が起こる可能性が生じる。

　一般的に，日本人は日常的な買い物における計画購買の割合が米国人と比べて相対的に低いといわれている[1]。商品購入のためにインターネットにアクセスするということは，買いたいものの特長や種類があらかじめ決まっているということである。したがって，リアル店舗で商品を見てから買うものを決めるという非計画購買プロセスをとる消費者はインターネットへあまりアクセスしない。ただし，ギフト商品のようにある程度の条件があらかじめ付与される場合には，ネット販売がなじむともいえる。

　ネット販売では，顧客一人ひとりの購入履歴を管理できる。アマゾンが成功した理由の一つに，顧客の購買履歴に基づくレコメンデーション機能による顧客サービスの向上があるといわれている。ネット販売で取り扱っている品目や品種が多岐にわたっている生産者・団体の場合，それを活かした顧客サービスの向上を図ることができる。

（3）ネット販売のパターン

　生産者・団体がネット販売に関わるパターンには3つの形態がある（図1-2）。

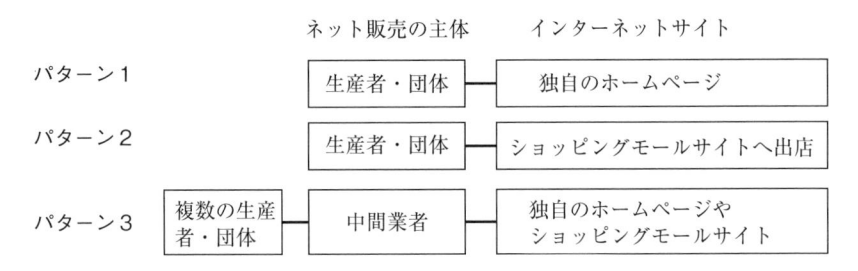

図1-2　ネット販売のパターン

パターン1：

　生産者・団体が自らのホームページを開設し，そこでネット販売を行う。

　メリットは，自分の思いや消費者に伝えたいこと（栽培方法や収穫時期など）をありのままに表現できること。価格や出荷量を自分の裁量で決められること。

　デメリットは，消費者が，キーワード検索でアクセスする場合，ポータルサイト上で検索結果の上位にランキングされない限り，あまりアクセスされないことである。SEO対策やネット広告が求められる。

パターン2：

　生産者・団体がショッピングモールサイトへ出店する。

　メリットは，出店先のショッピングモールサイトのアクセス件数が多い場合，消費者からアクセスされる可能性が高まることである。価格や出荷量を自分の裁量で決めることができる。

　デメリットは，アクセスの多いショッピングモールサイトでは，出店している生産者・団体の数が多いので，ランキング上位の農産物にアクセスが集中してしまうことである。ランキング下位の生産者・団体は，売上を確保しにくい。大手のショッピングモールサイトでは，出店者に対してそれなりのコスト負担が求められるので，費用対効果をあらかじめ吟味する必要がある。

一般論として，人気の高いショッピングモールサイトでは出店者のコスト負担額が高い。また，ランキング表示によってともすれば価格競争に陥りがちである。販売が好調なものとそうでないものに2極化する。ショッピングモールサイトの中には，栽培方法などの特徴をサイト上で表現しにくいものがあり，このような場合，ブランド品や大規模な生産者に有利となる可能性がある。

パターン3：

　生産者・団体が中間業者（卸売業者や小売業者など）と栽培契約を結び，そこへ出荷するもの。生産者・団体と中間業者との栽培契約の内容が妥当なものであることが必要である。中間業者と生産者・団体との間の信頼関係が構築されていることが前提となる。

　メリットは，生産者・団体がネット販売を中間業者にまかせることによって，自らは生産業務や加工業務に専念できること。

　デメリットは，中間業者の能力によって売行が左右されること。農産物がいかにいいものであっても，それを消費者にうまく伝えられなければ，売上確保に結びつかない。

　生産者・団体は，パターン1からパターン3を組み合わせて，ネット販売に取り組むことも可能である。この場合，シナジー効果が発揮されるよう戦略的に取り組む必要がある。

2　ネット販売の歴史

　インターネット革命は，1990年代に始まった。その後，2010年代までの農産物や食品の販売に関わるネット販売の歴史を見てみよう。

●1990年代中ごろ，米国でネット販売が始まった。書籍販売をメインとする

アマゾンが誕生した。

　食品については，ネットグローサーやピーポッドが登場した。しかし，一般的には，食品はネットショッピングになじまないと主張された。

●1990年代後半，世界的には企業のグローバル化とともに，B to B調達サイトの展開が見られた。たとえば，スーパーでは，ウォルマートに対抗してGNX，WWREが結成された。日本で，ヤフー，楽天市場がオープンした。この当時，ヤフーの提供サービスの中心はポータルサイト機能であった。

　先駆的な農業生産者・団体は，消費者重視の農業への転換とともに，ネット販売へ参入した。このためB to Cにおいて，自分のホームページを開設した。インターネットに関する知識が専門家中心に蓄積している時期で，ホームページアドレスの取得，HTMLやホームページ作成支援ソフトを用いたホームページの作成が行われた。ホームページをオープンしメンテナンスすることが重要と考えられていた。ネット販売への取り組み事例が少なかったことから，先駆的な農家がネット販売で成功する方法について論じていた[2]。たとえば，直売所で収益をあげている人，自分自身を売り込もうとする人，市場外流通に関心のある人，特色のある作物をつくっている人がネット販売になじむと述べている。また，作物では，葉物はむかず，果樹が適しているとされ，ネット販売に取り組むため，パソコンの選び方，回線のつなぎ方，ホームページの構成，アップする情報の内容，写真の掲載方法に関する知識が必要とされていた。農家が自前で取り組むことが多かったことから，個人ベースでの自力による取組手法について解説されていた。

●2000年前後，企業によるB to Bが盛んに取り組まれたが，ネットバブルの崩壊とともに，多くの新興ネット企業が倒産した。

　農産物流通におけるインターネット活用は，まずは企業が先頭を切った。農産物のB to Bにおけるeマーケットプレイスとして，フーズインフォマート，栽培ねっと，株式会社シフラ（当時は，ワイズシステム株式会社）が誕

生した。栽培ねっとは2000年4月1日に設立され，2004年3月31日に閉鎖された。インターネットを通じて全国の農家と農業資材メーカー，販売店などを結び，栽培から流通までの農業情報を提供している会員制のサイトの運営や青果物取引仲介を業務としていた。シフラは，2001年8月に，環境保全型農産物など付加価値農産物に特徴のある青果のeマーケットプレイスの運営を始めた。2002年6月には，農産物ブランド開発，売り場プロデュース等MDコンサルティングサービス拡張，イトーヨーカドーの「顔が見える野菜」のプロデュース・販売を始めた。しかしながら，2004年青果物のeマーケットプレイスを閉鎖した。一般的に，ネット市場では「商圏」が形成されず，サービスが同じであれば，1社に集約されてしまいがちであることから，上記3社のうち，現在も残っているのはフーズインフォマートのみとなったと考えられる。

　筆者は，この時期に「食農ベンチャーサイト」を立ち上げた。契約栽培支援，および食農ベンチャー興しを支援する会員制ポータルサイトサービスであり，料金は無料とした。インターネット上で，生産者と実需者に対して契約栽培取引の仲介を行うサービスや地域におけるベンチャー興しに関して情報交流するサービスを提供した。農産物の生産者，流通業者，スーパーなど会員数が200名以上となり，海外から問い合わせがくるなど活発な情報交流が行われるサイトとなった。

●2000年代前半，B to Cでは，西友によるネットスーパーが誕生した。しかし同業他社が追随するような大きな動きにはならず，大手スーパーが本格的に参入することはなかった。

　食品B to Bでは，外食企業による食材調達サイト，食品卸売企業による食材販売サイト，第3者団体による外食店向けeマーケットプレイスが誕生した。企業がインターネットを活用して，仕入れや販売の機会拡大を図った。JAグループによるB to Cサイトが誕生した。2001年BSEの発生に伴い，食品トレーサビリティシステムの導入が検討された。

　消費者は，インターネットを用いて，パソコンや交通機関・ホテル・イベント等チケット予約，書籍やCD，アパレルの購入を積極的に行うようになった。しかしながら，ネット経由で食品を購入することはそれほど活発ではなかった。食品は，機械製品や日常生活用品，書籍と比べて，消費までの時間制約が厳しく保管期間が短いことから，ネット販売に有利なロングテール現象になじまなかった。

　農産物専門のショッピングモールサイトとして，大地を守る会，オイシックス，らでぃっしゅぼーやが誕生した。減農薬農産物等特色のある農産物を契約栽培し，それらを登録会員へ宅配するサービスである。からだにやさしい農産物を食べたい消費者の支持を得た。大地を守る会は，有機農業を推進した。当初は，約2,500の生産者会員と8万人の消費者会員を擁し，有機野菜・無農薬野菜から無添加食材，環境に配慮した雑貨まで，おおよそ3,500品を扱っていた。ポイント制を設け，三越伊勢丹エムアイデリ（会員制食品宅配サービス）へ商品を提供するなどした。オイシックスは，2000年に日商岩井（現双日）と日本HPからも出資を受けて創業し，自然食品の宅配を行った。食品の調達は日商岩井の支援を受けた。シダックス（給食大手）と提携し，栄養管理ノウハウを吸収した。アフィリエイトを活用し，約5,000サイトと提携した。らでぃっしゅぼーやは，1988年に創業し，2008年12月ジャスダックに上場した。当初は，有機野菜，低農薬野菜の宅配サービスを行っていたが，現在は加工食品，日用品なども扱っている。年間約8,000アイテムの商品を扱い，定期的に旬の野菜（セット品）を注文・配達するサービスを行っている。顧客は全国に約106,000世帯ある。2012年8月株式会社エヌ・ティ・ティ・ドコモの連結対象子会社となった。

●2010年代前半，大手スーパーや中堅スーパーによるネットスーパーの取り組みが本格化した。この理由として，スーパーの新規出店適格エリアが狭まったこと，高齢化や過疎化によって宅配ビジネスの需要が高まったことがあげられる。これによって，日用品や食料品をネット購入することが一般的

になってきた。ブログによって，ホームページを手軽に作成することができるようになり，生産者・団体による自前のホームページ作成も活発化した。生協によるインターネット活用も拡大した[3]。

　農業法人が増えるにつれて，大規模な生産者・団体を中心として，農産物のネット販売が活発化した。ショッピングモールサイト運営企業の業績は好調に推移し，農業法人が出店する事例が増大した。

●2010年代後半，スマホ時代に突入するとともに，SNSが普及した。インターネット上で，個人ベースでの情報交換が活発に行われるようになった。ショッピングモールサイトでは，寡占化が進み，楽天市場，ヤフー，アマゾンの3者が競うこととなった。ポイント付与やネットセールなど消費者の囲い込みに関する施策が展開された。

　農業生産者・団体は，規模の大小にかかわらずSNSを導入して固定客を囲い込むことができるようになった。自前のホームページを作成したり，ショッピングモールサイトへ出店したりすることで，意欲のある生産者・団体は，さまざまなネット販売チャネルを組み合わせることができるようになった。

●今後の食品のネット販売を取り巻く主な動きは次のとおり推測される。

　ふるさと納税制度の普及によって，あるいはカタログ通販の利用拡大によって，送られてきた地域特産食品を気に入った消費者の中には，その後独自で当該品をネット購入する行動をとる者が現れるようになる。人気のある地域特産食品は，栽培方法や品種等差別化された農産物であり，生産者・団体は，今まで以上に高品質化農産物の栽培へ注力するようになる。

　健康志向によって，消費者は，栄養成分に注意してバランスのとれた食品群を食べるようになった。供給サイドは，インターネット上で健康増進等に関する寄与情報を提供し，消費者の支持を得ようとしている。

　高齢化や地方の過疎化によって増える買い物弱者に対する対策として，食

品の宅配サービスが注目を集めている。供給サイドは，インターネット上で栄養バランスに配慮した弁当や半調理済み食品などの注文を受けつけている。農福連携の動きが活発化する。

　6次産業化や農商工連携の推進によって，生産者・団体が，加工事業に取り組むケースが増える。多くの加工品は，ある程度保存期間が長いので，その販売チャネルとしてネット販売は有望である。加工事業への取り組み活発化とネット販売における商品の多様化が，相互に連動して進展していく。

3　ネット販売の普及要因

　ネット販売が普及した要因はどこにあるのだろうか。

　その要因を，情報の「リッチネス」と「リーチ」の視点から解説する[4]。情報のリッチネスとは，情報の濃度，密度，豊富さ，リーチとは到達範囲を指す。従来情報を活用する経済原理では，一定予算のもとで，リッチネスとリーチはトレードオフの関係にあった。企業間取引において，取引先の企業数（リーチ）とやりとりすべき情報のリッチネスの間にトレードオフがあった。たとえば，一定の予算制約のある広告において，ダイレクトマーケティング（営業員による人的販売）は，リッチネスでは優れていたが，顧客の数は絞り込まざるをえなかった。一方，マスメディアによる広告は，リーチでは優れていたが，リッチネスでは劣っていた。このような状況では，リッチネスな情報を持っている企業は限られるので，情報の非対称性が生まれる。そうすると，健全なビジネスの発展が阻害される。これを回避するためには，だれでもがアクセスできる情報チャネルを作ればよい。これが，インターネットによって実現されるようになった（**図1-3**）。

　インターネットが拡大した要因は，接続手段の爆発的な拡大と共通の情報規格の採用にある。前者は，光ファイバーをはじめとする大容量高速回線網の整備によるところが大きい。現在では，ワイファイやブロードバンドの整備も進み，通信回線を利用するコストは大幅に低下した。後者は，TCP/IP,

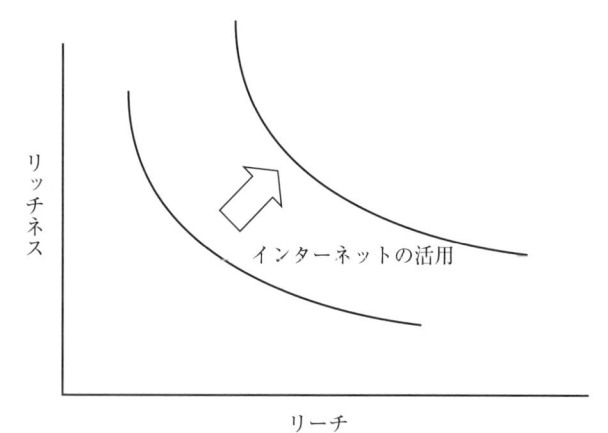

図1-3　事業におけるリーチとリッチネスのトレードオフ

HTTP，HTML，XMLといった通信に関する普遍的な技術規格が世界的に
普及したことによる。これら規格を守る限り，世界中の相手先とデータ交換
を行うことが可能となった。標準規格は，ともすれば国間企業間の衝突に
よってまとまりにくいことがあったが，インターネットに関しては，新規に
「つながること」が重要であったことから，ネットワーク効果が重視された。

　インターネットはオープンなシステムである。インターネットを使えば，
新参者でも既存業者の中へ割って入ることができる可能性がでてくる。逆に
言うと，閉鎖的な，あるいは規制に守られている事業においては，インター
ネット利用の普及がうまく進まない可能性がある。たとえば，生鮮4品（青
果，花き，食肉，水産物）について，卸売業が中心となって生鮮標準商品
コード体系（JANコードの生鮮品版）が策定され，その普及のための取り組
みが行われてきた。しかしながら，20年あまり経過しても，当該コード体系
が普段の取引に十分に活用されているとはいいがたい。

　生産者・団体と消費者は，インターネットという「オープン」な「ネット
ワーク」を活用することで，情報の非対称性を解消することが可能となって
いる。

注

1）田島義博・青木幸弘編著（1989）『店頭研究と消費者行動分析：店舗内購買行動分析とその周辺』誠文堂新光社による。
2）冨田きよむ（2001）『農家のインターネット産直』農文協による。
3）山本伸司（2014）「生協における産直システムと農商工連携」『フードシステム研究』第21巻2号，日本フードシステム学会，pp.53〜57より。
4）詳細は，フィリップ・エバンス／トーマス・S・ウースター著，ボストン・コンサルティング・グループ訳（1999）『ネット資本主義の企業戦略』ダイヤモンド社を参照のこと。

第**2**章

ネット通販の実態

　ネット通信販売の当事者は，供給サイドとしての生産者・団体やショッピ
ングモールサイト運営企業と最終需要サイドとしての消費者（事業者も該当
するが，本書では副次的に扱う）から構成されるが，それらの実態はどのよ
うになっているのであろうか。本章では，生産者・団体のネット販売への取
り組み実態と消費者のネット購入の実態について，俯瞰的に整理する。

　生産者・団体による農産物のネット販売については，農業法人の取り組み
実態を整理する。消費者による農産物のネット購入については，ライフスタ
イル別の特徴を整理するとともに，多くが日常的に購入されていると想定さ
れる野菜，ギフト用として購入されていると想定される地域特産品を対象と
して，その購入実態の特徴や影響を整理する。

1　生産者・団体の取り組み実態

（1）実態把握の視点

　生産者・団体は，どの程度ネット販売に取り組んでいるのであろうか。

　図1-2で示したとおり，生産者・団体がネット販売に取り組むパターンに
は3つの形態がある。

　パターン1は，生産者・団体が自らのホームページを開設し，そこで農産
物の販売を行う場合である。ホームページを開設していても，農産物の紹介
はしているが価格が提示されていない場合や購入できるリアル店舗のみを紹
介している場合があり，これらはネット販売に取り組んでいるとはいえない。

　パターン2では，大手ショッピングモールサイト以外にも多くのショッピ
ングモールサイトが開設されているので，これらを網羅的に把握するのは困

難である。

　パターン３では，中間業者（卸売業者や，場合によっては小売業者）が，仕入れた農産物の一部をネット販売し一部を実需者へ販売している場合がある。このパターンでは，中間業者が仕入れ先を頻繁に変更する場合や継続的に安定して仕入れている場合がある。生産者・団体からすると，スポット販売先として有効となる可能性があるが，生産者・団体が主体的にネット販売に取り組んでいる事例とはいえない。

　以下では，パターン１を中心に取り上げ，その概要を整理する。そのうち，データが比較的整備されている農業法人を対象とする。

（2）データの収集

　農業法人とは，法人形態によって農業を営む法人の総称である。農業法人の中で，農地法第２条第３項の要件（法人形態要件，事業要件，議決権要件，役員要件）に適合し，農業経営を行うために農地を取得できる農業法人のことを「農地所有適格法人」（2016年４月１日施行の改正農地法により，それまで用いられていた「農業生産法人」は「農地所有適格法人」に呼称が変更となり，要件が緩和された）と言う。事業としては，おおむね農林畜産物の生産やその製造・加工を行うものとされている。

　法人形態は「会社法人」と「農事組合法人」とに分けられる。会社法人の場合，農地法第２条第３項の要件を満たせば，農地所有適格法人に該当する。農事組合法人の場合，農業経営を営む法人のみが，農地法第２条第３項の要件を満たせば，農地所有適格法人に該当する。

　農林水産省経営局調べによると，農業生産法人（現，農地所有適格法人）数は，2005年7,904から2014年14,333へと大幅に増えている。また，農林水産省「農林業センサス」によると，販売目的の法人経営体数は，2005年において農事組合法人1,663，会社6,016，2015年において同5,163，同12,115となっており，いずれの法人形態も大幅に増えている。第３章で述べる収集事例を見ると，今後法人化したいという意向を持っている事例があることから，生

産者・団体における法人組織の増加傾向は今後も続くと見込まれる。農地所有適格法人を含む農業法人の増加に伴って，6次産業化施策に積極的な農業法人が販路拡大のための手段の一つとして，ネット販売へ取り組む事例が増えていく可能性がある。

　農業法人のネット販売の取組実態を把握するためアンケートを実施した。公益社団法人日本農業法人協会の会員名簿によると，2016年5月15日時点で，会員数は，1,730であった。この名簿に基づいて，2016年5月15日から2016年6月10日まで，次の手順に沿って電子メール送信によるアンケートを実施した。

　検索サイトであるヤフーのキーワード欄に会員名を記入し，キーワード検索を行い，検索結果で得られたホームページや関連記事等を閲覧した。次に，メールアドレスが分かる場合はメールアドレス先にアンケート票をメールそのものに貼り付けてメール送信し，「お問い合わせ」コーナーがある場合は，そこにアンケート票を記載し送信した。ただし，問い合わせスペースに記載しうる字数に制限があり，アンケート票の字数がそれを上回っている場合には送信不可であった。送信できた法人数は，712であった。加えて，アクセスした法人のホームページにおいて関連農業法人等としてリンク先が記載してあり，上記日本農業法人協会の会員でない場合にも前述と同様の作業を行った。当該法人数は78であった。以上より，アンケート票を送付した法人数は790であった。

　790法人にメール送信したが，あて先不明で相手先に届かなかったのは，55件であった。したがって，有効送信数は735であった。

　返信があったのは126であった。このうち，アンケートには回答しないことにしている，事業所向け販売のみ等の理由で返信はあったが回答記入がなかったのは，5つあった。したがって，有効回収数は，121であった。

（3）全体傾向に関する分析

1）把握項目の設定

　アンケートでは，ネット販売を行っている場合に，その品目，方式（自社のホームページで販売，ショッピングモールサイトへ出店等），ホームページでのアピールポイントを尋ねた。消費者は，野菜のネット購入におけるサイト選択基準として，販売品のよさ，事業者の信頼性，サイトの見やすさわかりやすさを重要視している[1]。販売品のよさについては，産地，品質，栽培管理をとりあげた[2]。そこで，「産地」については，歴史や伝統，「品質」については，おいしさや安全性，「栽培管理」については，その方法，をとりあげることとした。事業者の信頼性については，知名度やクレーム対応，事業者の規模・体制で判断されると考えられるが，このような内容は事業者サイドからのアピールポイントになりにくいと考え，とりあげなかった。むしろ，事業者が抱いている理念，使命，全体方針，将来目標を表明することが信頼性確保につながると考えられるが，これについては今後の検討課題である。

　ネット販売の売上を尋ねた。売上の大きさは，事業者の「儲けている」「儲けていない」と有意な関係があると指摘されている[3]。したがって，売上の多寡と，販売品目，ネット販売チャネル，アピールポイントとの関連を観察することによって，取り組み実態の全体特性を把握できると考えることは妥当である。

2）分析結果

　回答データに基づき，全体的な傾向を整理する。

　ネット販売を実施しているかどうかについては，**図2-1**のとおりであ

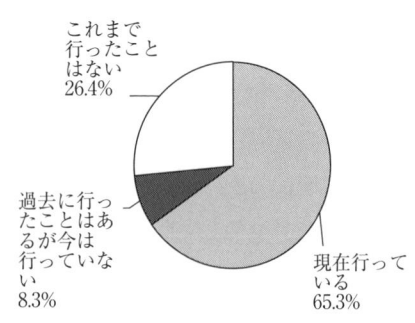

これまで
行ったこと
はない
26.4%

過去に行っ
たことはあ
るが今は
行っていな
い
8.3%

現在行って
いる
65.3%

図2-1　ネット販売の実施状況

る。約 3 分の 2 の農業法人は現在ネット販売を行っている。

　以下は，現在ネット販売を行っている法人を対象とした分析である。

　ネット販売している品目（複数回答）は**図2-2**のとおりである。野菜・果物・畜産品の加工品が最も多く全体の約 3 分の 1 に達している。農産物の生産においては，規格外の農産物が多かれ少なかれ発生する。販売品とならない規格外の農産物は，形や見た目で規格品より劣っているが，味は同等であるので，加工品の原材料として使うことができる。ただし，一般的に規格外品の収穫量をあらかじめ見込んでおくことは困難なので，

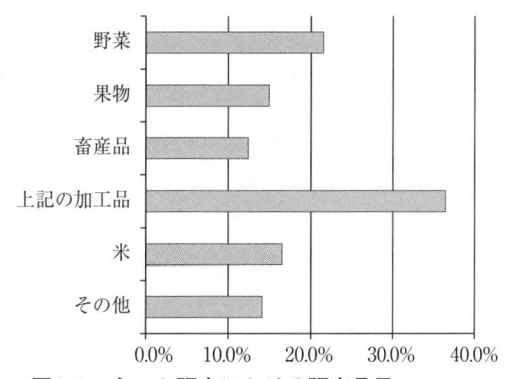

図2-2　ネット販売における販売品目

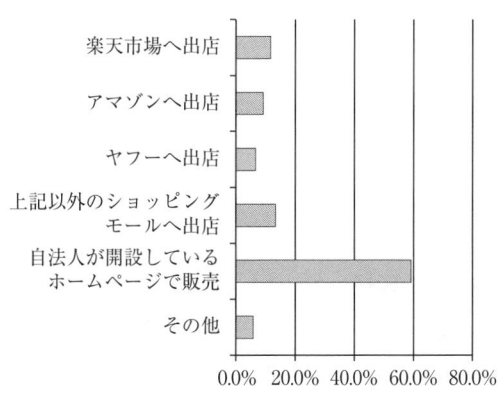

図2-3　販売サイト

計画的な加工・販売にはなじまない。これに対して，収穫された規格外品だけを原材料とし外部へ委託して加工する，あるいは他生産者から規格外品を集めて計画数量の原材料を加工するなどの対策を講じることができる。また日持ちするジャム，乾燥品，発酵品などは，端境期に販売することでネット販売商品の通年での充実した品揃えに貢献する。このような理由から，規格外品を原材料とした加工品は，ネット販売に適しているといえる。

　ネット販売しているサイト（複数回答）は**図2-3**のとおりである。自法人のホームページで販売している割合が全体の約 6 割となっている。各ホーム

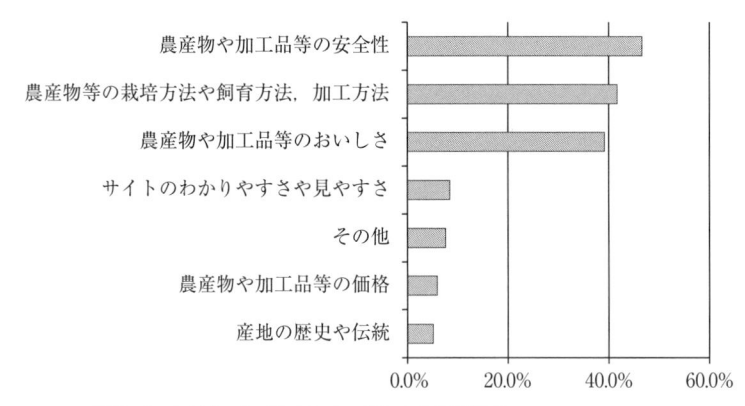

図2-4　アピールポイント（3つまで選択）

ページを閲覧すると，手作り感の強いホームページが多く，個性豊かでバラエティに富んでいることがうかがわれた。このような状況で，消費者は，各ホームページにアップされている販売品やその特徴を比較することが困難となる。したがって，消費者側からするとショッピングモールサイトの活用は有効である。一方で，農業法人等がショッピングモールサイトへ出店するとコスト負担が発生する，また，ショッピングモールサイト運営企業との調整に手間がかかる等の理由から，農業法人等がショッピングモールサイトへ出店しようとする際，障壁が存在する。このため，農業法人等によるショッピングモールサイトへの出店は必ずしも活発とはいえない。全体的には，ホームページの更新があまりなされていない事例も散見されることから，とにかくホームページが必要といわれているので開設してみたが，目標や目的が明確でないため何をしたらよいか分からず，とりあえず販売品をアップしてみようということにつながっているのではないかと推測される。

　ネット販売におけるアピールポイント（3つまで選択）は，**図2-4**のとおりである。多くの農業法人は，販売品の安全性，適切な工程管理，おいしさを強調している。消費者がネット購入のサイトを選ぶ際の判断基準は，販売品の品質，事業者の信頼性，サイトの見やすさ・使いやすさである。農業法人等は，販売品の品質に偏った情報提供を行っており，消費者のニーズとの

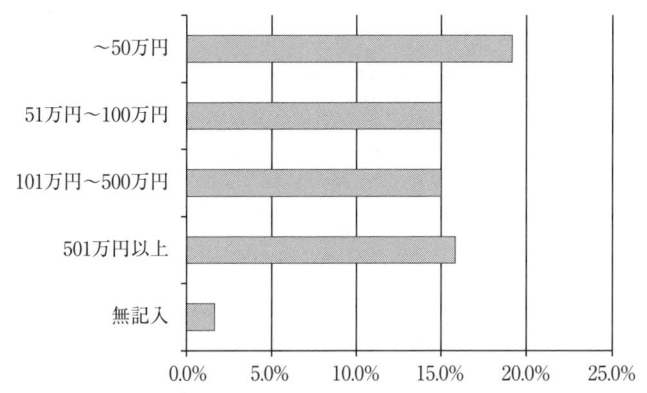

図2-5 ネット販売の年間売上

間でミスマッチが発生している可能性がある。また，農業法人等が抱いている理念，使命，全体方針，将来目標をサイト上で表明することが信頼性確保につながるかどうかついては今後の検討課題である。

　ネット販売における年間売上の分布は**図2-5**のとおりである。「年間売上50万円以下」の回答割合と「年間売上501万円以上」の回答割合がほぼ同数となっている。このことから，農産物のネット販売は，売上が大きくても小さくても取り組むことが可能な事業であるといえる。各法人の全体売上は尋ねていないので，断定はできないが，全体売上の分布では，金額の小さいほうの割合が大きい分布になると想定されるので，全体売上が小さくてもネット販売売上の大きい法人が存在する可能性がある。

　アンケートでは，年間売上を4つのランクに分けて尋ねた。すなわち，売上の閾値を，50万円，100万円，500万円としたところ，それぞれの4つの範囲の該当割合がおおむね均等になった。

　そこで，これら売上と販売品目やショッピングモールサイトへの出店の有無との関連を探るため，フィッシャーの直接検定を行った。その結果，各項目とも，有意な差が観察されなかった。ネット販売に適する品目があるとは限らないし，またショッピングモールサイトへ出店したからといってネット販売の売上が増えるとも限らない。すなわち，どのような品目を対象として

も，あるいはどのようなサイトで販売してもネット販売がうまくいく可能性がある。したがって，生産者・団体がネット販売に取り組む際，取組戦略（目標とその達成手段）を明確にすることが重要となってくる。

2 消費者の利用特性

（1）全体的な傾向

「第6回インターネット通信販売利用実態調査報告書」（平成26年2月，公益社団法人　日本通信販売協会）に基づいて，消費者のネット購入実態を概観する。

2013年に購入経験のある品目を見ると，本・雑誌・コミック，食料品/飲料（アルコール類を除く），レディースファッション・靴の順番となっている（**表2-1**）。

ネット販売の利用頻度を見ると，月に2～3回程度30.9％，月に1回程度

表2-1　品目別購入割合

品　　　目	購入者割合（％）
本・雑誌・コミック	45.4
食料品／飲料（アルコール類を除く）	40.0
レディースファッション・靴	24.3
健康食品	23.7
旅行（ツアー・ホテル予約）	22.3
キッチン・日用品雑貨・文具	22.1
ＣＤ	20.2
パソコン周辺機器	19.7
家電・ＡＶ機器・カメラ	19.1
インナー・下着・ナイトウエア	19.0
コスメ・香水	18.8
チケット（スポーツ／コンサート／演劇等）	18.1
インテリア・家具・収納	16.4
ＤＶＤ／ビデオソフト	16.2

出典：「第6回インターネット通信販売利用実態調査報告書」（公益社団法人　日本通信販売協会）より作成。

29.7％，年に数回以下19.3％の順番となっている。1か月の平均利用金額を見ると，5,000円未満37.3％，5,000円以上10,000円未満31.0％，10,000円以上30,000円未満22.7％の順番となっている。

最もよく利用するショッピングモールサイトを見ると，「楽天市場」53.4％，「アマゾン」32.1％，「ヤフーショッピング」6.7％となっている。「利用しない」の回答者割合は5.7％にすぎないことから，大手ショッピングモールサイトの利用は定着しているといえる。

最もよく利用する代金支払方法では，クレジットカード決済77.2％，コンビニ決済8.2％，銀行振り込み6.5％，代金引換6.0％の順番となっている。

「第24回全国通信販売利用実態調査報告書」（平成29年6月，公益社団法人日本通信販売協会）に基づいて，消費者のネット販売の利用特性を概観する。

パソコン上で販売サイトを見て購入を決めた場合，パソコンで申込みをする割合は89.6％，同携帯端末上で決め，携帯端末で申込みをする割合は92.9％，郵便DM（ダイレクトメール）を見て決め，固定電話で申込みをする割合は35.9％，郵便で同25.0％，FAXで同14.1％である。

購入した商品を見ると，楽天市場では，食料品10.6％，靴・鞄9.6％，アマゾンでは，本・雑誌・コミック18.2％，ゲーム機・玩具・PC等のソフト10.2％，CD及びDVDソフト10.2％となっている。楽天市場とアマゾンでは，購入商品の種類が異なっており，消費者は，商品によって，利用ショッピングモールサイトを使い分けていることが示唆される。食料品については，楽天市場のほうが，アマゾンよりも購入割合が高い。第3章で紹介する収集事例において，楽天からの働きかけが活発であるという声が多かったが，それを裏付ける状況となっている。

今後の販売サイトの閲覧意向については，パソコン上のサイト52.9％，スマホ・タブレット上のサイト48.9％，郵便DM20.4％となっている。今後の購入申込み方法の利用意向については，パソコン上のサイト52.2％，スマホ・タブレット上のサイト51.7％，固定電話24.2％となっている。利用意向

については，パソコンとスマホ・タブレットがほぼ拮抗しており，過去からの推移を勘案すると，スマホ・タブレットといったモバイル機器の利用が活発化していくと見込まれる。

今後１年間でインターネットを含む通信販売で購入したい商品としては，化粧品31.1％，食料品29.4％，健康食品20.5％，地方特産品・産直品20.0％となっている。農産物やその加工品という分類で整理されていないが，利用意向の高い商品群では食料品と地方特産品・産直品が上位にあることから，農産品のネット販売市場は今後拡大していくと推測される。

（2）ライフスタイルとネット購入

1）分析データ

消費者のライフスタイルは，食品のネット購入のあり方に影響を与えると想定される。たとえば，何事にもアクティブに活動する消費者は，そうでない消費者よりも食品のネット購入の頻度が高いのではないだろうか。あるいは，伝統的な生活を重視する消費者は，そうでない消費者よりも食品のネット購入の頻度が低いのではないだろうか。

消費者のライフスタイルとネット購入との関連を探る。

表2-2　ライフスタイルの分類

略称	特　徴
アチーブ	幅広い分野に関心を持ち，向上心が強い
プレジャー	楽天的で楽しいことや面白いことを率先して追求する
ナイーブ	流行に敏感で目立ちたがりや，感覚で判断しがちである
リョウシキ	社会的視野から物事を考え，社会的責任感や道徳的意識を持っている
ヘイオン	家族や身近な幸せを大切にし，物事に一生懸命取り組み，無難であることを望む
キハン	昔ながらの慣習やモラルを守り，地域社会や知り合いとのつながりを大切にする
ヤリクリ	生活に余裕がなく目先のことに追われている
クール	物事に対する関心が低く，冷めていて自分から何かを発信することは少ない

注：ODSマーケティングコンサルティングチーム著，有田曉生監修（2006）『ライフスタイルマーケティング』宣伝会議を参考に作成。

表 2-3　回答者の世帯属性

n ＝300

項　　目		回答者	割合
居住地	東京都	122	40.7%
	埼玉県	57	19.0%
	千葉県	42	14.0%
	神奈川県	79	26.3%
年齢	20 歳代	2	0.7%
	30 歳代	44	14.7%
	40 歳代	98	32.7%
	50 歳代	96	32.0%
	60 歳〜	60	20.0%
世帯人数	2 人	105	35.0%
	3 人	85	28.3%
	4 人	88	29.3%
	5 人	18	6.0%
	6 人以上	4	1.3%
就業形態	専業主婦	181	60.3%
	パート／アルバイト	73	24.3%
	フルタイム	32	10.7%
	自営業等その他	14	4.7%
ライフステージ 長子	子供なし	59	19.7%
	乳児，幼児	24	8.0%
	小学生	32	10.7%
	中学生，高校生	41	13.7%
	大学生以上	41	13.7%
	社会人・その他	103	34.3%

　消費者のライフスタイルとして，8 通りを設定した[4]。設定したライフス
タイルとその特徴は，**表2-2**のとおりである。

　分析に必要なデータを得るため，首都圏 1 都 3 県に住む 2 人以上世帯の女
性に対して，2017年 2 月 7 日から 2 月13日までWebアンケートを実施した。
回答者は，㈱メルリンクスに登録している女性である。回答者の世帯属性は，
表2-3に示すとおりである。

2）分析結果

　アンケートでは，ライフスタイルの分類ごとに自分のあてはまり度合いを
5 段階で尋ねた。この回答結果に基づいて，「あてはまる」と「ややあては
まる」を選択した消費者を，当該ライフタイルに該当する消費者であるとし

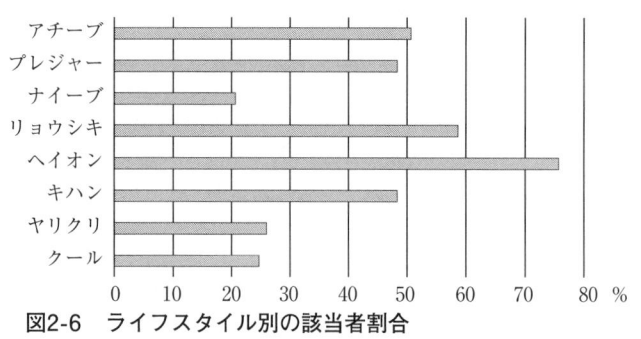

図2-6　ライフスタイル別の該当者割合

注：一人の回答者が複数のライフスタイルに該当する場合がある。

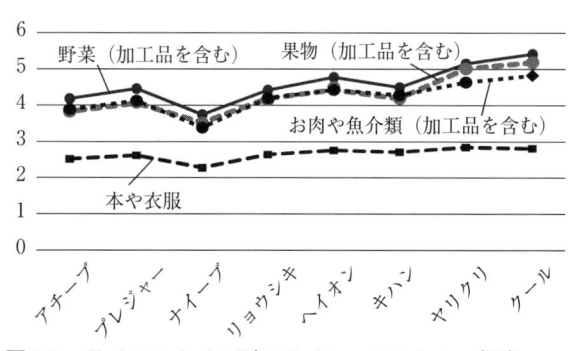

図2-7　ライフスタイル別のサイトへのアクセス頻度

注：縦軸では，値が大きいほどアクセス頻度は小さい。

た。したがって，１人の消費者は，複数のライフスタイルに該当する可能性がある。回答結果を見たところ，上記の基準でどのライフスタイルにも該当しない消費者（すべてのライフスタイルで「あてはまる」も「ややあてはまる」も選択していない）は25名であった。

　ライフスタイル別の該当者数は**図2-6**のとおりである。ヘイオン層が最も多く，リョウシキ層，アチーブ層と続く[5]。

　消費者のライフスタイル別にサイトへのアクセス頻度は異なるのだろうか。これについて，物品別に見る（**図2-7**）。アクセス頻度は，「①月に１回程度以上　②年に７〜10回程度　③年に３〜６回程度　④年に１〜２回程度⑤２〜３年に１回程度　⑥数年に１回程度　⑦一度もアクセスしたことはな

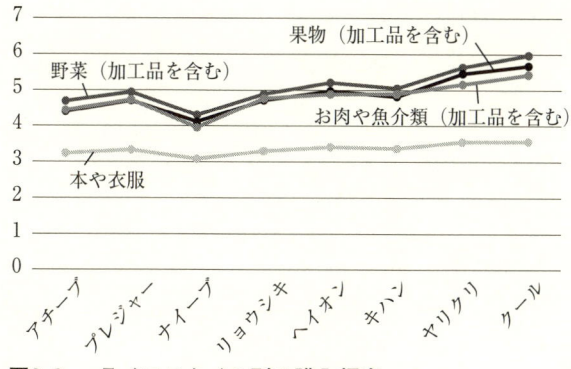

図2-8　ライフスタイル別の購入頻度

注：縦軸では，値が大きいほど購入頻度は小さい。

い」の7ランクで選択してもらった。したがって，アクセス頻度ランクの小さい方が，アクセス頻度は高いこととなる。

　ライフスタイル別に，アクセス頻度ランクの平均で比較すると，すべての品目でナイーブ層が最も低く（アクセス頻度は高く），次にアチーブ層が続いた。逆に，クール層とヤリクリ層では，アクセス頻度ランクの平均が高かった（アクセス頻度は低い）。品目別に見ると，本や衣服の平均アクセス頻度ランクは食品3品目のそれより低かった（アクセス頻度は高い）。また，本や衣服におけるライフスタイル別の平均アクセス頻度ランクの分布と食品3品目における同分布を比べると，前者のほうのバラツキが小さかった。すなわち，アクセス頻度については，本や衣服よりも食品3品目のほうが，ライフスタイルの影響を強く受けている可能性がある。

　なお，果物（加工品を含む），お肉や魚介類（加工品を含む）と野菜（加工品を含む）のアクセス状況を比較したところ，「年1〜2回程度アクセス」との回答割合が前者のほうで大きいことから，ギフト用として年1回の収穫期に合わせて利用されている可能性がうかがわれた。

　消費者のライフスタイル別にネット購入頻度は異なるだろうか。これについて物品別に見る（**図2-8**）。購入頻度は，「①月に1回程度以上　②年に7〜10回程度　③年に3〜6回程度　④年に1〜2回程度　⑤2〜3年に1回

程度　⑥数年に1回程度　⑦一度も購入したことはない」の7ランクで選択してもらった。したがって，購入頻度ランクの小さい方が，購入頻度は高いこととなる。

ライフスタイル別に，購入頻度ランクの平均で比較すると，すべての品目でナイーブ層が最も低く（購入頻度は高く），次にアチーブ層が続いた。逆に，クール層とヤリクリ層では，購入頻度ランクの平均が高かった（購入頻度は低い）。品目別に見ると，本や衣服の平均購入頻度ランクは食品3品目のそれより低かった（購入頻度は高い）。また，本や衣服におけるライフスタイル別の平均購入頻度ランクの分布と食品3品目における同分布を比べると，前者のほうのバラツキが小さかった。すなわち，購入頻度についても，アクセス頻度と同様に，本や衣服よりも食品3品目のほうが，ライフスタイルの影響を強く受けている可能性がある。

果物（加工品を含む），お肉や魚介類（加工品を含む）と野菜（加工品を含む）のネット購入状況を比較したところ，アクセス頻度と同様に，「年1～2回程度購入」との回答割合が前者のほうで大きいことから，ギフト用として年1回の収穫期に合わせてネット購入されている可能性がうかがわれた。本や衣服のネット購入割合は，9割程度と前記3品目よりも大きくなっており，日常生活へ浸透していることがうかがわれた。

消費者のライフスタイル別に食ライフスタイル[6]は異なるのだろうか。アンケートでは，それぞれの食ライフスタイルについて，「①あてはまる」「②ややあてはまる」「③どちらともいえない」「④あまりあてはまらない」「⑤あてはまらない」の5段階であてはまり度合いを選択してもらった（図2-9）。グラフでは，値の小さいほうが，よりあてはまり度合が高いことを表す。ヤリクリ層とクール層では，「食材の購入では値段を重視する」がそれ以外の3つの食ライフスタイル項目よりもあてはまり度合いが高かった。他の6つのライフスタイルでは，「健康や食品の安全性，環境問題に関心がある」のあてはまり度合いが高いが，特にアチーブ層とキハン層で高かった。

消費者のライフスタイル別に，野菜購入のときのお店の選択基準[7]は異

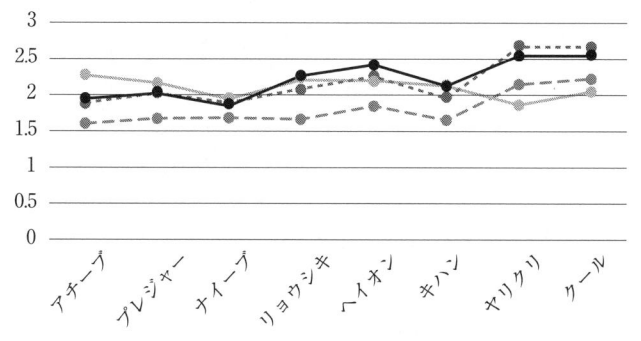

図2-9　ライフスタイル別の食ライフスタイル

凡例：
- ─●─　健康や食品の安全性，環境問題に関心がある
- --●--　料理をすることは楽しいし工夫している
- ─●─　食材の購入では値段を重視する
- ━●━　伝統にとらわれず，目新しい食材や料理を積極的に取り入れている

注：縦軸では，値が大きいほど当該意識は弱い。

なるのだろうか。アンケートでは，それぞれの選択基準について，「①大い
に重視している　②重視している　③少し重視している　④どちらともいえ
ない　⑤重視していない」の５段階で重要度合いを選択してもらった（**図
2-10**）。グラフでは，値の小さいほうが，より重視していることを表す。ナ
イーブ層は，４つの選択基準の中では，「野菜の品質が優れていること」の
あてはまり度合いが最も高いが，それ以外の３つの選択基準のあてはまり度
合いも相対的に高く，他の層と比べて野菜購入のお店を慎重に選ぶ傾向がう
かがわれる。アチーブ層は，他の７つの層より「野菜の品質が優れているこ
と」のあてはまり度合いが高く，野菜の品質にこだわりが強いと考えられる。
ヤリクリ層は，他のライフスタイル層より，また他の選択基準より「野菜の
価格が安いこと」のあてはまり度合いが高く，価格に対する意識が強いとい
う特徴を持っている。

　消費者のライフスタイルのあてはまり度合と相関関係のある項目は何であ
ろうか。項目として，商品の購入のためのインターネットへのアクセス頻度

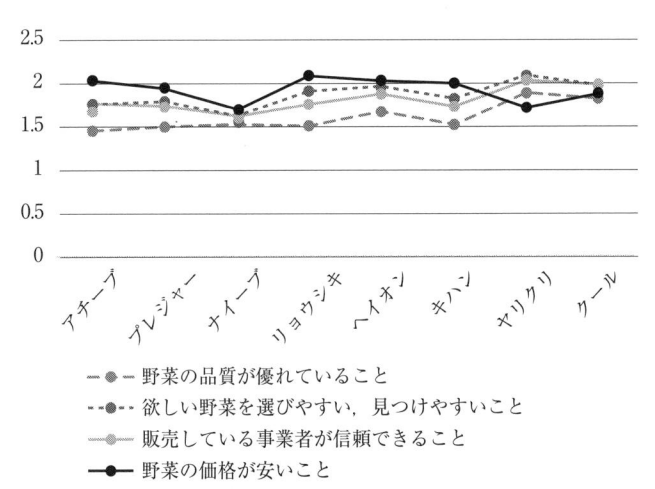

凡例
- ● 野菜の品質が優れていること
- ● 欲しい野菜を選びやすい，見つけやすいこと
- ● 販売している事業者が信頼できること
- ● 野菜の価格が安いこと

図2-10 ライフスタイル別の購入店舗の選択基準

注：縦軸では，値が大きいほど当該選択基準に対する意識は弱い。

表2-4 ライフスタイルとネット利用の相関

	購入のためのインターネットサイトへのアクセス				ネット購入			
	野菜（加工品を含む）	果物（加工品を含む）	お肉や魚介類（加工品を含む）	本や衣服	野菜（加工品を含む）	果物（加工品を含む）	お肉や魚介類（加工品を含む）	本や衣服
アチーブ	0.307 **	0.335 **	0.286 **	0.147 *	0.273 **	0.281 **	0.236 **	0.124 *
プレジャー	0.282 **	0.309 **	0.282 **	0.164 **	0.267 **	0.239 **	0.219 **	0.132 *
ナイーブ	0.283 **	0.291 **	0.261 **	0.177 **	0.267 **	0.239 **	0.217 **	0.132 *
リョウシキ	0.245 **	0.242 **	0.211 **	0.053	0.241 **	0.189 **	0.148 *	0.07
ヘイオン	0.145 *	0.181 **	0.144 *	0.022	0.143 *	0.147 *	0.153 *	0.065
キハン	0.17 **	0.152 *	0.115	− 0.032	0.113	0.072	0.053	-0.01
ヤリクリ	− 0.088	− 0.137 *	− 0.059	0.015	− 0.124 *	− 0.154 *	− 0.105	− 0.014
クール	− 0.176 **	− 0.227 **	− 0.118	− 0.026	− 0.211 **	− 0.251 **	− 0.159 **	− 0.09

注：**：1％有意，*：5％有意を表す。

とネット購入頻度をとりあげ，ピアソンの相関係数によって，相関関係を観察する（**表2-4**）。

　まず，購入のためのインターネットへのアクセス頻度から見てみる。アチーブ層とプレジャー層，ナイーブ層について，そのあてはまり度合は，4つの品目すべてでアクセス頻度と相関のあることが観察された。あてはまり

表2-5　ライフスタイルと世帯属性の相関

	世帯人数	年齢	就業状況		
			専業主婦	パート／アルバイト	フルタイム
アチーブ	0.113	− 0.154 *	0.026	0.074	− 0.083
プレジャー	0.143 *	− 0.042	0.074	0.068	− 0.232 **
ナイーブ	0.015	0.03	0.078	0.055	− 0.252 **
リョウシキ	0.165 **	− 0.155 **	0.07	0.028	− 0.105
ヘイオン	0.053	− 0.068	0.006	− 0.021	− 0.01
キハン	0.115	− 0.113	− 0.007	0.009	− 0.044
ヤリクリ	− 0.247 **	0.212 **	0.137 *	− 0.133 *	− 0.094
クール	− 0.103	0.194 **	− 0.064	0.013	0.013

注：** : 1 ％有意，* : 5 ％有意を表す。

度合が高いほどアクセス頻度も高い傾向が観察された。リョウシキ層とヘイオン層では，食品3品目であてはまり度合が高いほどアクセス頻度も高い傾向が観察された。クール層では，野菜（加工品を含む）と果物（加工品を含む）で，あてはまり度合が高いほどアクセス頻度は低い傾向が観察された。

　2番目に，ネット購入頻度から見てみる。アチーブ層とプレジャー層，ナイーブ層について，そのあてはまり度合は，4つの品目すべてでネット購入頻度と相関のあることが観察された。あてはまり度合が高いほどネット購入頻度も高い傾向が観察された。リョウシキ層とヘイオン層では，食品3品目であてはまり度合が高いほどネット購入頻度も高い傾向が観察された。クール層では，食品3品目で，あてはまり度合が高いほどネット購入頻度は低い傾向が観察された。

　3番目に，世帯人数，年齢，就業状況をとりあげ，スピアマンの相関係数によって，相関関係を観察する（**表2-5**）。

　世帯人数については，プレジャー層，リョウシキ層，ヤリクリ層で，そのあてはまり度合と相関のあることが観察された。前2者では，あてはまり度合が高いほど世帯人数が少なくなる傾向が観察された。最後者では，あてはまり度合が高いほど世帯人数が多くなる傾向が観察された。

　年齢については，アチーブ層，リョウシキ層，ヤリクリ層，クール層で，そのあてはまり度合と相関のあることが観察された。前2者では，あてはま

表2-6　ライフスタイルと長子の相関

	家族における長子					
	子供なし	乳児，幼児	小学生	中学生，高校生	大学生以上	社会人・その他
アチーブ	− 0.044	− 0.022	0.224 **	0.081	0.016	− 0.138 *
プレジャー	− 0.11	− 0.027	0.202 **	0.075	− 0.05	− 0.069
ナイーブ	− 0.037	− 0.028	0.086	0.071	− 0.051	− 0.042
リョウシキ	− 0.007	0.044	0.155 **	0.036	0.005	− 0.12 *
ヘイオン	0.073	0.026	0.108	− 0.019	− 0.018	− 0.1
キハン	0.024	− 0.016	0.081	0.117	0.015	− 0.141 *
ヤリクリ	0.087	− 0.125 *	− 0.092	− 0.06	− 0.11	0.143 *
クール	− 0.008	− 0.06	− 0.12 *	− 0.047	− 0.027	0.13 *

注：**：1％有意，*：5％有意を表す。

り度合が高いほど年齢が高くなる傾向が観察された。後2者では，あてはまり度合が高いほど年齢が若くなる傾向が観察された。

　就業状況については，プレジャー層，ナイーブ層，ヤリクリ層で，そのあてはまり度合と相関のあることが観察された。前2者では，あてはまり度合が高いほどフルタイム従事者である傾向が観察された。ヤリクリ層では，あてはまり度合が高いほど専業主婦ではなく，パート/アルバイトである傾向が観察された。

　4番目に，家族における長子をとりあげ，スピアマンの相関係数によって，相関関係を観察する（表2-6）。

　家族における長子については，アチーブ層，プレジャー層，リョウシキ層，キハン層，ヤリクリ層，クール層で，そのあてはまり度合と相関のあることが観察された。アチーブ層とリョウシキ層では，あてはまり度合が高いほど小学生の子供がおらず社会人等の子供がいる傾向が観察された。プレジャー層では，あてはまり度合が高いほど小学生の子供がいない傾向が観察された。キハン層では，あてはまり度合が高いほど社会人等の子供がいる傾向が観察された。ヤリクリ層では，あてはまり度合が高いほど乳幼児の子供がいて，社会人等の子供がいない傾向が観察された。クール層では，あてはまり度合が高いほど小学生の子供がいて，社会人等の子供がいない傾向が観察された。

3) まとめ

一般的に、大企業は相応の売上を確保できる大きい市場をターゲットに、中小企業は大企業との競争を避けるために小さい（ニッチな）市場をターゲットにすることが望ましいといわれている。すなわち、規模がそれほど大きくない多くの生産者・団体は、大手ショッピングモールサイトに出店している団体やネットスーパーとは異なる市場をターゲットにすべきである。

規模がそれほど大きくない多くの生産者・団体は、団体がターゲットとすべき層は、ライフスタイルの該当者数の割合を勘案すれば、ナイーブ層とクール層、ヤリクリ層である。しかし、ヤリクリ層は、商品購入において価格の安さを重視するので、価格訴求力のある輸入農産物を選択しがちとなるであろう。クール層は、商品購入そのものにあまり関心が高くないので、ネット購入を消費者あまり利用しない。したがって、生産者・団体がターゲットとすべきを消費者層は、該当する消費者数が相対的に少ないナイーブ層とすることが望ましい。

当該層は、ネット購入頻度が相対的に大きいことから、生産者・団体にとって十分な、一定規模の市場を確保をより最適化して選ぶことと考えられる。この層の層と比べて野菜購入の選択肢を広げ、よりよいものを選択しようとしているおそらく、ふだんの買い物において、近所のスーパー等に加えて、ショッピングモールサイトにまで選択肢を広げ、よりよいものを自らの選択肢が拡大するとると推測される。当該層は、ネット購入によって自らの選択肢が拡大することに対してメリットを感じている。当該層の買い物に対する考え方と行動の特徴として、スタイルやデザインを重視。新製品、有名ブランドのものを買う。流行の商品は必ずチェック。個性的な商品を選ぶ、があげられている[8]。また、当該層は、フルタイム従事者であるほど該当するので、地域高所得世帯であると推測される。したがって、生産者・団体としては、地域特有の特徴あある高品質の農産物をネット販売することが有効である。

あるいは、比較的該当者数の多いナイーブ層をターゲットにすることも考えられる。当該層は、ネット購入頻度が相対的に大きいことから、生産者・団体にとって十分な、一定規模の市場を確保できると考えられる。この層の

特徴は，食ライフスタイルで「健康や食品の安全性，環境問題に関心がある」傾向が強いことである。また，この層は，野菜購入におけるお店の選択基準として「野菜の品質が優れていること」を強く意識している。すなわち，当該層は，食品の安全や食の安心に興味を持っており，農産物の品質を重視している。当該層の買い物に対する考え方と行動の特徴として，常に目新しい商品を見つける，個性的な商品を選ぶ，好きなブランドの物を選ぶ，インターネットを使って価格の比較を行う，があげられている[9]。また，外食・グルメに関心が高い。さらに，当該層は，年齢が高く，子供も社会人等に育っている世代である。したがって，生産者・団体としては，農産物の栽培方法，収穫後の温度管理や衛生管理などについて情報提供することや特産の農産物を材料とした調理済み食品を販売することが有効である。

（3）野菜のネット購入

1）ネット購入による影響

　野菜の消費活動を，購入活動面，調理・喫食活動面，廃棄活動面に分けて，ネット販売を用いたことによる影響の認識度合を見ると，**図2-11**のとおりである[10]。

　影響がある（**図2-11**で「あてはまる」と「ややあてはまる」と回答）とする肯定認識層と，影響がない（**図2-11**で「あまりあてはまらない」と「あてはまらない」と回答）とする否定認識層に着目する。肯定認識層の割合が高いのは，「スーパー等お店に行く回数が減った」38.0％，「たまねぎ・じゃがいも・にんじん等を使った煮物メニューが増えた」37.3％，「肉料理や魚料理の栄養バランスがとれるようになった」32.7％である。また，「肯定認識層－否定認識層」の割合を見ると，「たまねぎ・じゃがいも・にんじん等を使った煮物メニューが増えた」8.7％，「スーパー等お店に行く回数が減った」6.3％，「肉料理や魚料理の栄養バランスがとれるようになった」4.3％である。

　上記2つの指標による影響項目のあてはまり度合を見ると，購入活動面で

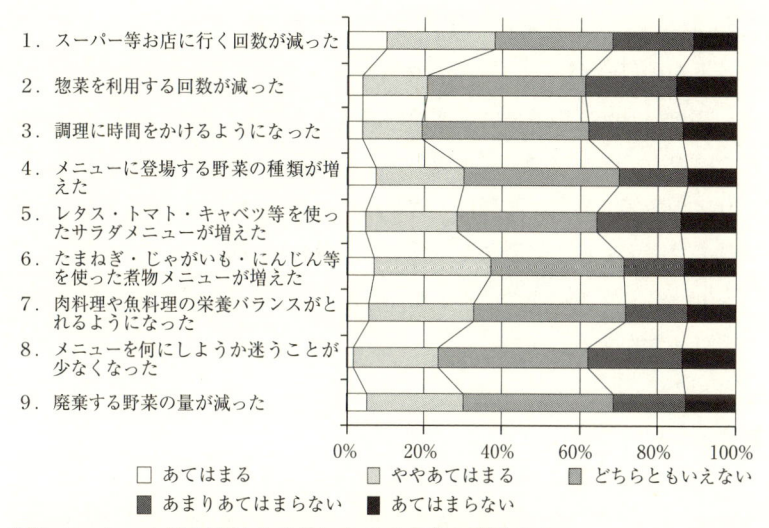

図2-11　ネット購入開始の前後における変化の認識度合

出典：伊藤雅之（2016）『野菜消費の新潮流』筑波書房

はリアルなお店に行く回数，調理活動面では煮物メニューの登場回数や栄養バランスをとることで影響が認識されていた。

　サイトの利用度合と影響認識度合との関連を見ると，アクセス頻度の高い消費者のほうが，スーパー等での買い物頻度，栄養バランスへの影響度合が高い傾向が観察された。野菜をネット購入しようとサイトへアクセスすればするほど，野菜を取り入れた肉・魚料理の登場場面は増えている。また，購入頻度の高いほう，すなわち頻繁にネット購入する消費者のほうが，「スーパー等お店に行く回数が減った」と認識していることがうかがわれた。

　サイト群を，ネットスーパー（イトーヨーカドー，イオン，西友など），生協系サイト（パルシステム，コープみらい，コープデリなど），ショッピングモールサイト（楽天市場，楽天モールなど），食品宅配専門サイト（オイシックス，らでぃっしゅぼーや，大地を守る会など）の4つに分類した。そのうえで，サイトへのアクセス頻度との関連が認められた「スーパー等お店に行く回数が減った」と「肉料理や魚料理の栄養バランスがとれるように

なった」について，その傾向を観察した。その結果，「ネットスーパー＋生協系サイト」のほうが「ショッピングモールサイト＋食品宅配専門サイト」よりも，スーパー等での買い物頻度の回数減をより強く認識している傾向が示された。一方，ショッピングモールサイトや食品宅配専門サイトでは，相対的にリアル店舗での買い物頻度の回数減に結びついていないことから，リアル店舗では購入しにくい野菜がネット購入されていると推測される。すなわち，ショッピングモールサイトや食品宅配専門サイトは新たな市場を創出している可能性がある。

2）影響度合いの定量化

　ネット通販利用開始の前後で影響度合の高い項目は，「スーパー等お店で野菜を購入する頻度」と「自宅の夕食でたまねぎ・じゃがいも・にんじん等を使った煮物メニューの出現頻度」，「肉料理や魚料理の栄養バランスがとれるようになった」であった。これら項目について，野菜購入におけるネット通販利用開始の前後における影響度合を見ると（**表2-7**），3割弱の回答者は，野菜をお店で購入する頻度が減少したと回答している。自宅の夕食で，たまねぎ・じゃがいも・にんじん等を使った煮物メニューの出現頻度，野菜も登場する肉料理や魚料理メニューの出現頻度では，いずれも1割強の回答者が増加したと回答している。回答割合を全体的に比較すると，購買行動における影響のほうが，調理・喫食行動における影響よりも大きい傾向がうかがわれた。リアルなお店へ行く回数が減ったことによって節約された時間は，調理・喫食以外の活動へも振り向けられている可能性がある。

　ネット通販利用開始前後におけるスーパー等リアル店舗で野菜を購入する頻度を試算したところ，野菜の購入頻度は，1人1週間あたり平均2.25回から2.15回へ0.1回の減少と変化していた。煮物メニューの出現頻度については，同平均2.07回から2.16回へ0.09回の増加となった。野菜の登場する肉料理や魚料理の出現頻度については，同平均3.20回から3.31回へ0.11回の増加となった。リアル店舗での野菜購入1回あたり購入量とメニューあたり用いられる

表2-7　ネット購入開始の前後における変化度合

		現状での頻度	インターネットチャネル利用開始前後における変化度合						
			5割程度以上増加した	3割程度増加した	1割程度増加した	変化しなかった	1割程度減少した	3割程度減少した	5割程度以上減少した
スーパー等お店で野菜を購入する頻度	週に4回以上	34	3	1	0	25	4	1	0
	週に3回	48	0	3	3	28	11	3	0
	週に2回	72	0	2	4	46	13	5	2
	週に1回	59	0	0	1	41	9	4	4
	月に3回	7	0	0	1	2	2	1	1
	月に2回	4	0	0	0	1	0	2	1
	月に1回	4	0	0	0	1	0	2	1
	年に数回程度以下	0	0	0	0	0	0	0	0
	合計	228	3	6	9	144	39	18	9
自宅の夕食でたまねぎ・じゃがいも・にんじん等を使った煮物メニューの出現頻度	週に4回以上	44	1	2	4	37	0	0	0
	週に3回	44	0	4	5	34	0	0	1
	週に2回	58	0	2	9	45	2	0	0
	週に1回	51	0	0	4	42	0	3	2
	月に3回	16	0	0	1	13	1	1	0
	月に2回	8	0	0	2	5	1	0	0
	月に1回	7	0	0	0	6	1	0	0
	年に数回程度以下	0	0	0	0	0	0	0	0
	合計	228	1	8	25	182	5	4	3
自宅の夕食で野菜も登場する肉料理や魚料理メニューの出現頻度	週に4回以上	137	2	8	10	115	2	0	0
	週に3回	44	0	1	6	34	1	2	0
	週に2回	31	0	2	5	19	5	0	0
	週に1回	12	0	1	0	11	0	0	0
	月に3回	1	0	0	0	1	0	0	0
	月に2回	0	0	0	0	0	0	0	0
	月に1回	3	0	0	0	2	1	0	0
	年に数回程度以下	0	0	0	0	0	0	0	0
	合計	228	2	12	21	182	9	2	0

注：値は回答者数である。
出典：伊藤雅之（2016）『野菜消費の新潮流』筑波書房

野菜の量が変化しないという前提のもとで，リアル店舗での購入数量の減少分よりもインターネット経由での購入数量の増加分のほうが大きかったと推察される。

3）サイトの利用実態

　サイトの利用実態を探るため，㈱メルリンクスに登録している，首都圏1都3県に住む2人以上世帯の女性に対して，2015年6月5日から6月28日ま

表2-8　回答者の世帯属性

n =255

項　目		回答者数	割合
居住地	東京都	106	41.6%
	埼玉県	42	16.5%
	千葉県	24	9.4%
	神奈川県	83	32.5%
年齢	20 歳代	3	1.2%
	30 歳代	43	16.9%
	40 歳代	86	33.7%
	50 歳代	91	35.7%
	60 歳～	32	12.5%
世帯人数	2 人	74	29.0%
	3 人	78	30.6%
	4 人	78	30.6%
	5 人	19	7.5%
	6 人以上	6	2.4%
就業形態	専業主婦	152	59.6%
	パート／アルバイト	65	25.5%
	フルタイム	30	11.8%
	自営業等その他	8	3.1%
ライフステージ 長子	子供なし	49	19.2%
	乳児，幼児	16	6.3%
	小学生	28	11.0%
	中学生，高校生	47	18.4%
	大学生以上	36	14.1%
	社会人・その他	79	31.0%

でWebアンケートを実施した（**表2-8**）。アンケートでは，利用頻度が高い
と考えられる14のサイト（**図2-12**）をあらかじめ提示しておき，それぞれ
別に近年1年間における利用頻度を尋ねた[11]。これら以外で，野菜購入の
ため近年1年間に26回以上利用したことのあるサイトがある場合，その名称
を記入してもらった。ここにおいて17のサイト名が記入されていたが，これ
らの重複はわずかであった。野菜のネット購入では，ヤフーやアマゾンは，
あまり利用されていないことがうかがわれた。

　ネット経由での野菜購入について，近年1年間に1回以上購入したことが
あるとの回答者数の割合を見ると，楽天市場32.9%（84名），イトーヨーカ
ドーネットスーパー32.2%（82名），イオンネットスーパー26.3%（67名）
の順番となっている。また，26回以上の高頻度で購入したとの回答者数の割

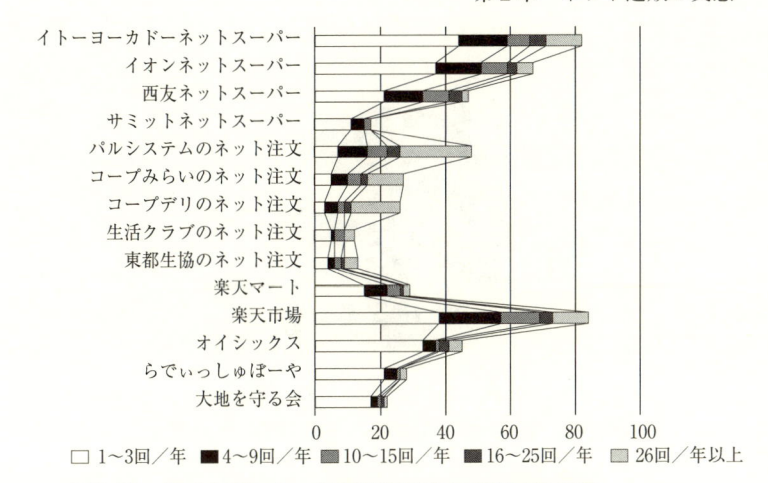

図2-12 サイト別のネット通販利用者の利用回数分布

注：横軸は回答者数を表す。

合は，パルシステム8.6％（22名），コープデリ5.9％（15名），イトーヨーカドー，コープみらい，楽天市場いずれも4.3％（11名）の順番となっている（**図2-12**）。生協系サイトにおいて高頻度利用者が多いのは，生協組合員として，もともと週に1回，注文票という用紙ベースで定期的に注文していた形態がネット注文形式へと代替したことによると考えられる。

サイトごとに延べでの利用回数（人回/年）を見るため，近年1年間における利用頻度「1～3回」を2回，「4～9回」を6.5回，「10～15回」を12.5回，「16～25回」を20.5回，「26回以上」を36回（月に3回利用すると想定した）に換算して，14個のサイトの利用回数シェアを計算した（**図2-13**）。利用回数シェアを見ると，パルシステム17.3％，楽天市場14.0％，イトーヨーカドーネットスーパー13.1％，コープデリ10.8％であった。各サイトでの1回あたり購入金額が同じと仮定すると，上記は市場規模のシェアとなり，上位4サイトで5割強の市場シェアを占めるにすぎない。したがって，野菜のネット販売市場は寡占状態にあるとはいいがたい。各サイトをネットスーパー，生協系サイト，その他サイトに分類して比較すると，ネットスーパー29.2％，生協系サイト43.3％，その他サイト27.5％となり，おおむね拮抗し

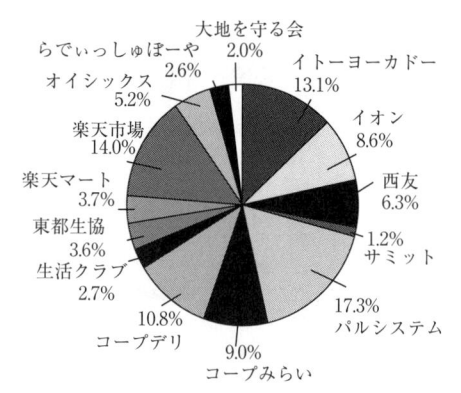

図2-13　サイト別利用回数（人回／年）シェア

ている。

　近年1年間における利用回数（計算方法は，前述の利用回数と同じ）について，回答者別に集計し，利用回数のランク別（2回以上20回未満，20回以上40回未満，40回以上60回未満，60回以上80回未満，80回以上）に整理した。その結果，「2回以上20回未満」52.2％，「20回以上40回未満」25.1％，「40回以上60回未満」13.3％であった。おおむね14のサイトに限ったことではあるが，近年1年間に1回以上野菜のネット購入をしたことがあるとの回答者において，その半数近くは，月に1回程度の利用にとどまっている。

4）サイト別の利用特性

　野菜のネット購入について延べでの利用回数（人回/年）をサイトごとに比較すると，パルシステム，楽天市場，イトーヨーカドーネットスーパーが上位に位置づけられた。そこで，これら3つのサイトを高頻度に利用している消費者の特性を探る。

　まず，高頻度に利用している消費者を抽出する。近年1年間に当該サイトのみを「26回以上」利用している，あるいは当該サイトを他のサイトと比べて最も高い頻度で利用しているとの回答者を抽出したところ，パルシステム29名，楽天市場14名，イトーヨーカドーネットスーパー20名であった。

　以下では，抽出された高頻度利用者（合計63名）を対象として分析する。3つのサイトについて，満足度，利用意向，世帯属性に違いがあるかどうかを探るため，フィッシャーの直接検定を実施した。まず，おおまかな違いを見るため，満足度は「大いに満足である」とそれ以外，利用意向は「現在より増やしたい」とそれ以外，世帯人数は「3人以下」と「4人以上」，就業形態は「専業主婦」とそれ以外，ライフステージ長子は「子供なし」とそれ以外，年代は，「49歳以下」と「50歳以上」，居住地は「東京都」とそれ以外に分類した。

　満足度と利用意向については，有意な差が観察されなかった。世帯属性については，年代において，イトーヨーカドーネットスーパーとパルシステムで10%有意であった。パルシステムのほうが，イトーヨーカドーネットスーパーよりも49歳以下の割合が高い。すなわちより若い年代層に利用されていることがうかがわれた。居住地について，パルシステムと楽天市場で5%有意であった。パルシステムのほうが，楽天市場よりも東京都以外の3県居住者の割合が高い傾向が見られた。

5）利用意向

　今後の野菜のネット購入の動向を探るため，利用意向に関する分析を行う。ネットで野菜を購入している回答者全体の今後の利用意向を見ると，「現在より増やしたい」11.0%，「現在と同じ程度」67.1%，「現在より減らしたい」5.1%，「わからない」16.9%であった。現状の利用頻度と変わらないという回答が約3分の2程度を占めているが，増加意向が減少意向よりも6ポイント程度大きいことから，現時点での利用者に限ると，今後その利用頻度は増加することがうかがわれる。

　サイト別の利用実態との関連を観察するため，フィッシャーの直接検定を実施した。各サイトの利用頻度は「購入したことがない」とそれ以外に，利用意向は「現在より増やしたい」とそれ以外に分類した。イトーヨーカドーネットスーパーでは5%有意，大地を守る会では10%有意であった。いずれ

においても，現在利用している消費者のほうが，利用していない消費者よりも，今後増やしたいとの回答割合が高い。したがって，これらサイトでは，現利用者が，さらに利用頻度を増やす可能性があると考えられる。

満足度の高低との関連を観察するため，フィッシャーの直接検定を実施した。満足度は「大いに満足である」とそれ以外，利用意向は「現在より増やしたい」とそれ以外に分類した。「野菜の品質が優れている」5％有意，「サイトが見やすい，わかりやすい」「サイトの事業者・運営者が信頼できる」「野菜購入に要する費用や時間を節約できる」いずれも1％有意であった。大いに満足であるとの回答者の方が，それ以外の回答者よりも，今後増やしたいとの回答割合が高い。次に，満足度を「大いに満足である＋満足である」とそれ以外に分類して同様の分析を行った。「サイトの事業者・運営者が信頼できる」「野菜購入に要する費用や時間を節約できる」については，いずれも10％有意であった。これら項目では，満足度の高い回答者のほうがそうでない回答者よりも今後増やしたいとの回答割合が高かった。「野菜の品質が優れている」と「サイトが見やすい，わかりやすい」については，有意な違いが認められなかった。したがって，これら2項目については，満足度が相当程度強く認識されることが，その後の利用増大に結びつくと示唆された。

（4）地域特産品のネット購入

1）分析データ

地域特産品としての「お肉やその加工品」「魚介類やその加工品」「くだものやその加工品」を対象として，ネット購入している実態を観察する。

分析に必要なデータを得るため，事前調査と経験者調査の2段階でWebアンケートを行った。回答者は，㈱メルリンクスに登録している，首都圏1都3県に住む2人以上世帯の女性である。事前調査では，地域特産食品やブランド食品3品[12]のネット購入経験の有無を尋ね，有の回答者については経験者調査で利用実態を尋ねた。事前調査は，2015年11月25日〜2015年11月

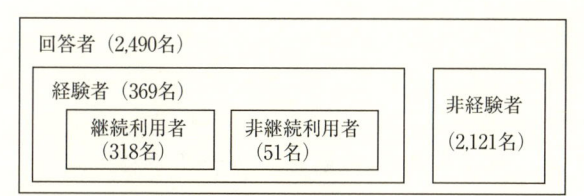

図2-14　回答者の内訳（事前調査）

表 2-9　回答者の世帯属性

項目		経験者 n=369	割合	非経験者 n=2,121	割合
居住地	東京都	173	46.9%	782	36.9%
	埼玉県	52	14.1%	410	19.3%
	千葉県	52	14.1%	340	16.0%
	神奈川県	92	24.9%	589	27.8%
年齢	20歳代	6	1.6%	89	4.2%
	30歳代	49	13.3%	418	19.7%
	40歳代	127	34.4%	688	32.4%
	50歳代	112	30.4%	592	27.9%
	60歳〜	75	20.3%	334	15.7%
世帯人数	2人	135	36.6%	736	34.7%
	3人	122	33.1%	658	31.0%
	4人	89	24.1%	530	25.0%
	5人	17	4.6%	146	6.9%
	6人以上	6	1.6%	51	2.4%
就業形態	専業主婦	204	55.3%	1164	54.9%
	パート／アルバイト	81	22.0%	559	26.4%
	フルタイム	61	16.5%	291	13.7%
	自営業等その他	23	6.2%	107	5.0%
ライフステージ 長子	子供なし	91	24.7%	519	24.5%
	乳児，幼児	34	9.2%	241	11.4%
	小学生	33	8.9%	217	10.2%
	中学生，高校生	43	11.7%	273	12.9%
	大学生以上	40	10.8%	221	10.4%
	社会人・その他	128	34.7%	650	30.6%

注：経験者とは，インターネット経由でお肉やその加工品，魚介類やその加工品，くだものやその加工品のうちいずれか１品以上を購入した経験のある回答者である。

30日まで，経験者調査は，2015年12月１日〜2015年12月４日まで実施した。

　事前調査の回答者数は2,490名であり，このうちネット購入非経験者数（３品いずれもネット購入の経験がないとの回答者，以下「非経験者」という）は2,121名，ネット購入経験者数（３品いずれか１品以上でネット購入の経験有との回答者，以下「経験者」という）は369名であった。また，経験者

調査で，現時点で3品のうちいずれか1品以上でネット購入を行っていると
の回答者（以下，「継続利用者」という）は318名，3品ともネット購入をほ
とんど行っていないとの回答者（以下，「非継続利用者」という）は51名で
あった（**図2-14**）。回答者全体から見ると，経験者の割合は14.8%，継続利
用者の割合は12.8%である。

　経験者と非経験者の世帯属性は，**表2-9**のとおりである。経験者を見ると，
東京都の割合が半分弱，年齢では40歳代，世帯人数では3人家族が約3分の
1，専業主婦が半分強，ライフステージ長子では，社会人・その他が約3分
の1の割合となっている。経験者のほうが非経験者より1ポイント以上の高
い割合を示している世帯属性を見ると，居住地では東京都，年齢では40歳代
以上，世帯人数では2人・3人家族，就業形態ではフルタイムと自営業等その
他，ライフステージ長子では社会人・その他，が該当した。

2）購入パターン

　Webアンケートに基づいて抽出した経験者は，「お肉やその加工品」「魚
介類やその加工品」「くだものやその加工品」のいずれか1品以上をネット
購入したことのある方々である。贈答用・ギフト用と自宅消費用に分けて3
品別にネット購入パターン[13]を尋ねた。

　贈答用・ギフト用のネット購入パターンを見ると，定期的に購入している
割合は「お肉やその加工品」が高く，必要に応じて購入している割合は「く
だものやその加工品」が高い。自宅消費用のネット購入パターンを見ると，
定期的に購入している割合は「お肉やその加工品」が高く，必要に応じて購
入している割合は「くだものやその加工品」が高い。贈答用・ギフト用と自
宅消費用のネット購入パターンの回答割合を比較すると，各品目とも自宅消
費用のほうが定期的に購入しているとの回答割合が高い。地域特産食品や地
域ブランド食品を自宅で食してみて，美味しかった場合にギフトとして購入
しているのではないかと考えられる。

　家庭単位で見る。贈答用・ギフト用において，3品のうち，お肉等と魚介

類等を両方とも定期的に購入している回答割合は9.8％，必要な時に購入している回答割合は23.8％，めったにあるいは全く購入していない回答割合は47.7％であり，お肉等と魚介類等を同じ度合いで購入している回答割合は81.3％である。魚介類等とくだもの等の組み合わせについては，同8.9％，23.0％，40.7％。72.6％，お肉等とくだもの等の組み合わせについては，同8.4％，23.8％，42.0％，74.3％である。このように，3品目のうち，それぞれ2品目の組み合わせによる購入パターンの相違は見られず，品目による特徴は観察されなかった。同様に自家消費用について見ると，お肉等と魚介類等で同15.2％，38.5％，30.1％，83.7％，魚介類等とくだもの等で同13.2％，34.4％，25.7％，73.4％，お肉等とくだもの等で同13.0％，35.2％，24.9％，73.2％であり，贈答用・ギフト用と同様，品目による購入パターンの特徴は観察されなかった。

　以上より，贈答用・ギフト用，自家消費用いずれにおいても，経験者は任意の2種類の品目を同じ購入パターンで購入する場合が多いことから，3品目に限ってではあるが，ネット購入において品目の違いはあまり意識されていないと考えられる。

3）購入金額等

　アンケートでは，「お肉やその加工品」「魚介類やその加工品」「くだものやその加工品」別に，ネット購入における購入金額，購入先，利用サイトを尋ねた。

　3品目いずれについても「近年1年間でネット購入したことがない」との回答者を除いて，購入経験者の近年1年間の購入金額を見ると，3品目とも1万円未満の割合が高かった（**図2-15**）。次に，家庭単位で見る。「近年1年間でネット購入したことがない」を0円，「10,000円未満」を5,000円，「10,000円以上30,000円未満」を20,000円，「30,000円以上80,000円未満」を55,000円，「80,000円以上」を80,000円に換算して家庭ごとに3品目の購入金額を合計した。分布を見ると，「1万円より大きく2万円以下」が最も多く

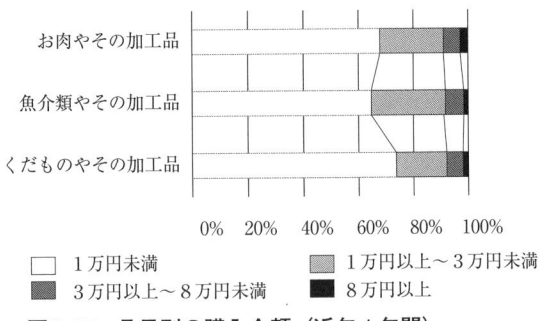

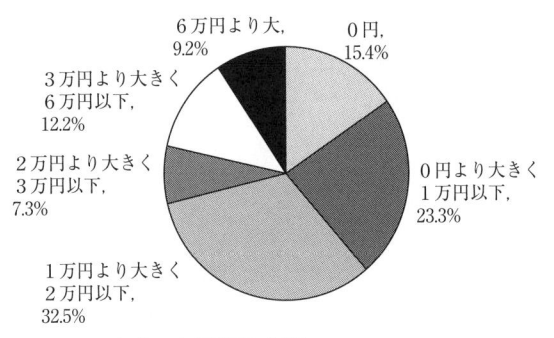

図2-15　品目別の購入金額（近年1年間）

図2-16　家庭の年間購入金額

注：購入品目は，お肉・魚介類・くだもの，及びそれぞれの加工品である。

32.5％，「０円より大きく１万円以下」23.3％，「０円」15.4％である（**図2-16**）。また，３品目とも「近年１年間でネット購入したことがない」との回答者を除いて平均すると，ネット購入金額は3.2万円/年となった。家計調査年報によると，2016年の生鮮魚介，生鮮肉，生鮮果物３品について，２人以上世帯の１世帯あたり年間支出金額は，154,199円である。もし，ネット通販でこれら３品の加工品が購入されていないと仮定すると，生鮮３品のネット購入割合は，20.8％となる。２人以上世帯において，継続利用者の割合は12.8％であり，その世帯の３品のネット購入割合は，20.8％であることから，当該市場は，揺籃期にあるといえる[14]。

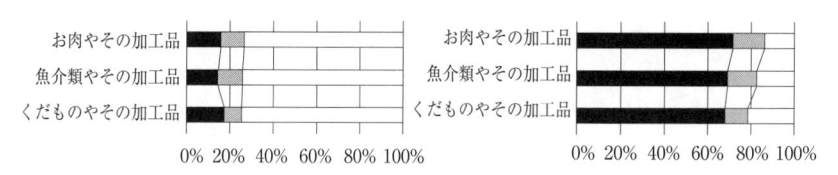

図2-17　継続利用者の購入先　　　図2-18　継続利用者の利用サイト

　3品目いずれについても「めったに，あるいは全くネット購入しない」との回答者を除いて，継続利用者の購入先の生産者の選択状況を見ると，「その時その時で検索して選んでいる」の回答割合が，お肉等73.5％，魚介類等74.2％，くだもの等74.6％であり，いずれの品目でも最も多かった（**図2-17**）。地域特産品を継続的に購入している消費者について，その購入先は，3品目とも柔軟に変更されていることがうかがわれる。

　3品目いずれについても「めったに，あるいは全くネット購入しない」との回答者を除いて，継続利用者の利用サイトを見ると，「楽天市場，ヤフー，アマゾン」の回答割合が，お肉等71.6％，魚介類等69.1％，くだもの等68.0％であり，いずれの品目でも最も多かった（**図2-18**）。継続利用者のアクセスサイトは，3品目とも大手のショッピングモールサイトに集中していることがうかがわれる。ただし，ここでは上記3つのショッピングモールサイトの内訳を尋ねていないので，それぞれのシェアについては不明である。多くの継続利用者は，ショッピングモールサイトで検索し，その時々の検索結果を踏まえて購入先を決定している状況がうかがわれる。ショッピングモールサイトは，地域特産品販売のプラットフォーム，たとえば，地域ブランドを冠にした特産品群を管理する場，あるいは特産品の生産者が意見交換する場となる可能性を秘めている。

（5）消費者のネット購入実態に基づく留意点

　ネット販売における消費者の利用特性を踏まえて，生産者・団体が留意すべき事項を整理する。

1）需要創出

　野菜購入におけるネット販売利用による影響は，購入活動面ではリアルなお店に行く回数，調理活動面では煮物メニューの登場回数や栄養バランスをとることで認識されていた。買い物頻度の回数減については，「ネットスーパー＋生協系サイト」のほうが「ショッピングモールサイト＋食品宅配専門サイト」よりも強く認識されている傾向が観察された。一方，ショッピングモールサイトや食品宅配専門サイトでは，相対的にリアル店舗での買い物頻度の減少に結びついていないことから，リアル店舗では購入しにくい野菜がネット購入されていると考えられた。すなわち，ショッピングモールサイトや食品宅配専門サイトは新たな市場を創出している可能性がある。

　リアル店舗における野菜の購入頻度は，ネット購入の利用開始前後で１人１週間あたり平均2.25回から2.15回へ0.1回の減少と試算された。煮物メニューの出現頻度は，同平均2.07回から2.16回へ0.09回の増加となった。野菜の登場する肉料理や魚料理の出現頻度は，同平均3.20回から3.31回へ0.11回の増加と試算された。リアル店舗での野菜購入１回あたり購入量とメニューあたり用いられる野菜の量が変化しないという前提のもとで，リアル店舗での購入数量の減少分よりもインターネット経由での購入数量の増加分のほうが大きかったと推察される。

　インターネットで野菜を購入している消費者の全体傾向を見ると，「現在より増やしたい」11.0％，「現在と同じ程度」67.1％，「現在より減らしたい」5.1％，「わからない」16.9％であった。現状の利用頻度と変わらないという回答が約３分の２程度を占めているが，増加意向が減少意向よりも６ポイント程度大きいことから，現時点での利用者に限ると，今後その利用は増加す

ることが見込まれる。また，「野菜の品質が優れている」と「サイトが見や
すい，わかりやすい」に関する満足度が相当程度強く認識されることが，そ
の後の利用増大に結びつくことが示唆された。

　「お肉やその加工品」「魚介類やその加工品」「くだものやその加工品」の
いずれも「近年1年間でネット購入したことがない」との消費者を除いて，
上記3品のネット購入金額の平均は3.2万円/年である。

　生産者・団体からすると，生産能力を今以上に強化できないので安定性・
継続性を重視するという考え方もあろう。一方で，ネット販売によって新た
な市場が生まれていることから，意欲ある生産者・団体に対して成長のチャ
ンスが提供されている。

2）サイトの利用条件は消費者属性で異なる

　野菜のネット購入のための利用頻度が高いパルシステム，楽天市場，イ
トーヨーカドーネットスーパーを比較したところ，世帯属性については，パ
ルシステムのほうがイトーヨーカドーネットスーパーよりも49歳以下の割合
が高かった。すなわちより若い年代層に利用されていることがうかがわれた。

　ネット購入頻度，年齢，就業状況，ライフステージ長子と関連のあるライ
フスタイル層とそうでないライフスタイル層が存在した。本や衣服と食品と
を比べると，食品のほうがライフスタイル別のネット購入頻度のバラツキが
大きかった。ライフスタイルは，世帯属性や食品のネット購入実態へ影響を
与えていると考えられる。したがって，ライフスタイルや食ライフスタイル
とネット購入サイトの選択との関連もあるのではないかと推測された。

　生産者・団体は，消費者の世帯属性やライフスタイル，食ライフスタイル
の特性を明確に意識して，ネット販売戦略を構築すべきである。

3）望ましいターゲットはナイーブ層とアクティブ層

　消費者へのネット販売を拡充しようとする生産者・団体は，ターゲットと
すべき顧客像を明確にすることが求められる。

　ライフスタイル分析より，ナイーブ層とアクティブ層は，ネット購入の利用頻度が高いことが分かった。ナイーブ層は，その構成割合が小さいが，これは規模の大きなショッピングモールサイトがターゲットにしにくいことにつながるので，比較的規模の小さい生産者・団体にとっては，有利な条件となる。

４）サイトの利用条件は品目別に異ならない

　「お肉やその加工品」「魚介類やその加工品」「くだものやその加工品」については，品目にかかわらず，地域特産食品や地域ブランド食品を自宅で食してみて，美味しかった場合にギフトとして購入しているのではないかと考えられる。

　贈答用・ギフト用，自家消費用いずれにおいても，ネット購入の経験者は任意の２種類の品目を同じ購入パターンで購入する場合が多いことから，上記３品目に限ってではあるが，ネット購入において品目の違いはあまり意識されていないと考えられる。

　ネット購入の継続利用者のアクセスサイトは，上記３品目とも大手のショッピングモールサイトに集中していた。これを介して，多くの継続利用者は，その時々の検索結果を踏まえて購入先を吟味・決定している状況がうかがわれた。

　ショッピングモールサイトでは，わかりやすいことから品目別にカテゴリー化されていることが多いが，消費者からすると，別の切り口によるカテゴリー化のほうが望ましいといえる。生産者・団体は，同一品目での産地間やブランド間競争よりも品目の違いを超えた競争を意識していくことが有効である。たとえば，生食と加工品のミックス，地域単位での各種品目のミックス，ブランド農産物を核として他品目を取り込むことによる新ブランドの確立を企画していくことが有効である。

注

1）伊藤雅之（2015）「野菜購入に用いられるインターネットサイトの利用特性」『フードシステム研究』第22巻 3 号，日本フードシステム学会，pp.243～248。

2）平泉光一・斉藤順・伊藤亮司・元永佳孝・大竹憲邦・塚口直史（2009）「提示情報を統制したネット・リサーチによる消費者の米の購入意欲の解明」『農業経営研究』第47巻第 2 号，日本農業経営学会，pp.124～129において，採用されていた。

3）朴壽永・門間敏幸（2007）「農産物・食品に関する企業・消費者間電子商取引の取り組み実態と成功・失敗要因の解明」『農業経営研究』第44巻第 4 号，日本農業経営学会，pp.85～95。

4）ODSマーケティングコンサルティングチーム著，有田曉生監修（2006）『ライフスタイルマーケティング』宣伝会議を参考にした。

5）注 4 ）での文献によると，各人がいずれかに所属するとした場合，アチーブ層11.4%，プレジャー層10.1%，ナイーブ層8.3%，リョウシキ層14.9%，ヘイオン層22.3%，キハン層13.3%，ヤリクリ層9.9%，クール層9.8%となっており，今回のアンケート結果は，おおむねこれと整合のとれた分布となっている。

6）磯島昭代（2009）『農産物購買における消費者ニーズ』農林統計協会に基づいた。

7）注 1 ）に基づくと，野菜のネット購買におけるサイト選択基準として，販売品のよさ，事業者の信頼性，サイトの見やすさわかりやすさが重要であるが，ここでは，サイトにこだわらない場合を想定して，価格の安さも取り上げた。

8）注 4 ）と同様。

9）注 4 ）と同様。

10）分析方法等詳細については，伊藤雅之（2016）『野菜消費の新潮流』筑波書房を参照のこと。

11）ここで提示したサイトは，伊藤雅之（2015）「野菜購入に用いられるインターネットサイトの利用特性」『フードシステム研究』第22巻 3 号，日本フードシステム学会，pp.243～248において多くの消費者から利用していると記載されたサイトである。

12）事前調査では，質問文「肉・魚介類・くだもの等の地域特産食品や地域ブランド食品をインターネット経由で購入したことがありますか。例：松坂牛，伊勢海老，夕張メロン等」と記載し， 3 品目「肉やその加工品」「魚介類やその加工品」「くだものやその加工品」別に購入経験を尋ねた。地域特産品や地域ブランド品の定義を明示していなかったことから，回答者によって異なるイメージを持って回答した可能性がある。

13）ネット購入パターンとは，「定期的に購入している」「必要な時に購入している」「めったに，あるいは全く購入しない」の 3 パターンである。

14) 2人以上世帯において，配偶者等世帯員が別途ネット購入している場合があることに留意する必要がある。2人以上世帯における世帯員ごとのネット購入分析は今後の検討課題である。

第**3**章

生産者・団体の取り組み事例

　本章では，筆者が行ったヒアリング調査に基づいて，生産者・団体のネット販売への取り組み事例を，数種類の果物を販売している果物多品目，複数種類以下の果物を販売している果物少品目，野菜，乳製品，コメに分けて整理する。具体的には，個別事例ごとに，全体概要，ネット販売の実態，特徴を整理する。また，各事例を横断的網羅的に比較して，事例ごとに共通する事項やネット販売の実態を整理するための軸を検討する。

　さらに，収集事例の取り組み実態に基づいて，ネット販売で工夫している点を整理する。

1　個別事例

（1）果物多品目

1）DM（ダイレクトメール）販売とネット販売の連携（K社）

①全体概要

　40年以上前から地域振興に取り組んできたK株式会社は，農産物・海産物の販売，加工品の企画・製造管理・販売，選果・出荷場運営などを手がけている。年間売上約9億円，このうち直販売上約1.7億円，契約生産者は約75名である。地域では，後継者のいる農家もあるが，全体的には高齢化しており，生産体制は逼迫気味である。この対策として直営農場は外国人研修生を含む新規就農者を受け入れている。

　柑橘果物を生産しており，品種は33種である。有機栽培，自然栽培，無農薬無化学肥料栽培を行っている。ジュースなどの加工品は外部委託して加工している。近年委託加工先が逼迫している。また，ハンドクリームなどコス

メ商品も加工している。加工品の売上年5.5億円, このうち, 海産物加工5,000万円, 野菜加工3,000万円である。

販売では, 卸売がメインで, 販売先は, 生協が約6割を占める。加工品の販売先は, リアル店舗が多い。直販では, DM（ダイレクトメール）販売がメインであり, 2か月に1回7,000件程度発送している。今後は, 直販を増やしたいと考えている。

②ネット販売の実態

年間売上約1,500万円, 日平均注文数8件であり, 近年伸びている。スマホからの注文が6～7割程度である。自社のホームページでのみ販売している。楽天市場やアマゾンに出店していないが, K社の販売先が出店して商品として売っているようだ。売れ筋は, 生食品である。兼任担当3名, 毎日ホームページを確認している担当1名である。ホームページの管理・運営にはコストがほとんどかからないので, ネット販売の利益率は高い。

ネット販売の客単価約5,000円, 顧客数は約3,000人である。生協等のお店でK社を知り, ネット注文してくる客が多い。顧客は, 全体的に女性が多く, 果物では年配の方, コスメでは若い女性も多い。お中元の時期になると, 男性からの注文が増える。地域別では東京圏が6割を占める。リピーターが多い。

価格は, 毎年ほぼ固定しており, 農家への支払い分に自社経費を加えて設定している。相場は意識しない。ストレートジュースでは, 消費者は価格をあまり意識しないようだ。1,000円以内なら売れる。

梱包は, 直販業務チームが行う。ネット販売品に加えて, DM注文品の作業も同時に行う。生食品は, 週2回発送している。

クレームは, あまりにも傷みがひどい場合を除いてほとんど来ない。少々の傷みについては顧客が理解してくれている。

ホームページの更新は新商品が出たときに行う。2015年, 制作会社に外部委託してカラーミーでホームページをリニューアルした。顧客管理は, 勘定

奉行で行っている。パブリシティで雑誌等が紹介してくれるので，これによって販売が伸びる。直販のブランディングに取り組みたい。

③特徴

K社は，地元の活性化に軸足を置き，都市と農村の交流にも取り組んでいる。40年以上にわたる継続した取り組みにより実績が蓄積され，ネームバリューがあり土台がしっかりしている。これによってネット販売も堅調である。

新品種の開発やコスメ製品のブランド化に取り組むなど新しい試みに積極的である。ネット販売の売上の伸びは，ネット社会の浸透による伸びであると思われるが，DMの顧客をネット販売の顧客へ誘導していくことで，トレンド以上の伸びを期待できる。これによって，DMを発送する手間が省けるので，コスト削減につながる可能性がある

2）観光農園とDM（ダイレクトメール）販売との連携（N社）
①全体概要

N株式会社は，果樹生産，果実の加工，販売，観光（もぎ取り）を行っている。栽培面積は，サクランボ3.8ha，モモ70 a，ラフランス・ブドウ・リンゴ50 a である。サクランボの栽培面積を増やしている。今後，栽培面積は1 ～ 2 ha増やせると考えている。周辺では，ハウスの老朽化が見られ，遊休農地は増えている。正社員 9 名，パート10名である。正社員は，農作業も行う。冬場は閑散期であり，特に 1 月の営業日は10日間である。来店客を増やして，果物狩りと直売所での販売に力を入れたい。サクランボとラフランスは，ブランド化されているので，これらを中心にすえたい。

売上年2.4億円で，うち販売収入は 2 億円である。収入の 6 ～ 7 割はサクランボが占める。サクランボは 2 か月という短い期間で収入を得られる。ジュース，ジャムの委託加工を行っている。また，焼肉のたれ，ドレッシング，リキュール，シードル（予定）の加工も行っている。委託加工費用は，

持ち込んだ原材料のキロ数で決まる。委託加工先は多くあり，小さいロットでも加工してもらうことができる。加工の原料は，売れ残りとして最後まで残ったものである。

販売はすべて直販である。敷地内に直売所（物販，カフェ）を併設している。もぎ取り体験のできる観光農園もある。直売所ともぎ取り体験の売上は年1億円である。入園料1,500円で，年間来園者数は3万人であり，そのうち2万人はサクランボ狩り来園者である。近年外国人も訪れるようになった。輸出してはどうかという提案は来るが，行っていない。

②ネット販売の実態

DM（ダイレクトメール）と自社ホームページによるネット販売を行っている。合計の売上年1億円である。カタログは年4回，1万通ずつ発送している。送付先は，昔から積み重ねてきた固定客が多い。DMによるカタログ注文からネット注文へ変更する顧客もいる。ショッピングモールサイトへは出店していない。手数料を取られるのがいやだからである。楽天は熱心に売り込みにくるが，価格順の表示などに違和感を覚える。ヤフーやアマゾンへの出店は考えたことがない。

ネット販売の売上年1,500万円で，近年増えている。早割，メルマガやラインでの販促を実施している。売れ筋は，サクランボの生食で，約6割を占める。加工品はあまり売れない。観光農園に来て，その後ネット注文してくる顧客が多い。自分の目で実物を確かめているから安心なのかもしれない。ネット販売での価格は，前年の価格を参考に決めている。あらかじめ，勘で決めているが，外れることも多い。ネット販売での売れ残りは，直売所の販売で調整することとしている。ただし，これまで売れ残りがでたことはない。

顧客は，女性が7割で，観光農園に来て，サクランボを見たあとに購入する顧客が多い。ホームページ担当は兼任で全社員が担当している。業務用の注文は来ない。

ネット広告はだしていない。SEO対策は，昨年から，専門の会社へ委託し

て実施している。キーワードによるネット検索で1ページ目にN社が表示されたら料金を支払う契約である。成果が出たら月3万円を支払うことにしているが，これまではおおむね上手くいっている。

専門業者を介した決済システムを採用しているが，クレジットカード払いが多い。クレームは，年10件程度ある。対応責任者を決めていて，スピーディに対応することを心掛けている。

メンテナンスは，月1万円，年12万円の委託費で外注している。更新は週1回しているが，繁忙期の6月は毎日更新している。社員が自主的にアップする。売上データは，ホームページの制作会社と自社社員が共有している。リニューアルは，これまで2～3回実施した。

③特徴

DMと観光農園（もぎ取り体験と直売），ネット販売の3事業が上手く調和し，シナジー効果を発揮している。すなわち，それぞれの顧客名簿を作成し，適切な情報提供を行っている。オフラインではDM，オンラインでは自社ホームページを活用し，それぞれの顧客名簿を共有している。

全社員がホームページの更新に携わっていることから，週1回程度の更新頻度が達成されている。メンテナンス，SEO対策，決済システムを専門業者へ委託しており，これによって本来の業務に集中できる体制が整備されている。

3）観光農園の活性化に結びつける（O氏）

①全体概要

O氏は，果樹栽培農家で，働き手は，両親と本人の3名である。他に3名を常勤通年雇用している。春と秋は4人ずつ季節雇用を雇っている。栽培面積は，3町5反で，うち2町弱は所有，あとは借地である。近年耕作放棄地は増えている。人手不足でもある。サクランボ狩りの時期（3週間程度）に，1,000人のもぎ取り体験入園者が来る。サクランボ狩りの予約は，自家ホー

ムページでできる。今後，旅行雑誌「じゃらん」を通じて宣伝する予定としている。若い担い手を増やすためには，販売単価を上げる必要があると考えている。

　売上年4,500万円で，近年横ばいである。5品目（サクランボ，モモ，梨，ブドウ，リンゴ）栽培しているが，メインはサクランボである。売上の半分はサクランボの販売が占めている。

　売上の7割はDM（ダイレクトメールによるカタログ通販），3割はもぎ取り入園料とそこでの直販である。DMは，年3回，サクランボで1,000人，その他600人ずつ，来園者に送る。現時点で，これまでの名簿で蓄積されたDMの送付先，具体的には顧客名簿に10,000人（ただし，ギフトでここに送ってくださいという送り先の名前も含んでいる）が登録されている。近年，この人数は横ばいである。3か年注文が来ないとDMを送らないこととし，名簿から名前を削除する。ホテルの朝市で販売することもある。JA出荷はない。

　現在サクランボの購入者層は，50～60歳代で，ある程度収入のある人である。これからは，若い人にサクランボ狩りに来て欲しい。若い人はネットで情報を見てサクランボ狩りに来るので，自家ホームページにおける関連情報の提供を充実したいと考えている。

　②ネット販売の実態

　15年ほど前に自家ホームページをオープンした。リニューアルの費用20万円ほどで，2回リニューアルしたが，これでアクセスが増えたとはいえない。自家ホームページは，DM用カタログを印刷してもらっている印刷業者から紹介してもらった業者へ委託して作成した。買い物かごを用意している。DMとネット販売の表示価格は同じにしている。

　年50件程度の注文が来る。注文件数は，近年横ばいである。平均客単価4,000円で売上年20万円程度となる。注文は，サクランボの生食がほとんどである。高齢者が多く20～30歳代からの注文はほとんどない。全国から注文がくる。男女半々である。ネット販売によって新規顧客を獲得できたことは

ほとんどない。自家ホームページへのアクセス件数は，1日あたり100件程度である。自家ホームページでは，販売よりもサクランボ狩りのPRをメインにしている。値引き競争をしたくないので，ショッピングモールサイトに出店していない。

③特徴

　ネット販売を15年間続けているにもかかわらず，年20万円程度の売上を獲得しているにすぎない。これからは，サクランボ狩りの告知に力を入れる予定である。サクランボ狩りに来てもらい，そこで購入してもらう，あるいは宅配便で送ってもらう。ここでの名簿を蓄積してDMを送付し固定客化していくという流れを想定している。自家ホームページは，サクランボ狩りに来てもらうための入り口として活用する意向を持っている。

4）大量データの積極的管理・活用（P社）

①全体概要

　P株式会社は，モモ等果物の生産・加工・販売を行っている。売上年7,000～8,000万円で近年伸びている。栽培面積は，モモ6ha，リンゴ2ha，サクランボ70aであり，ブドウ30aは始めたばかりである。ジュース等の加工を行っている。加工の原料は，自社栽培の規格外品を使用している。このため，規格外品が少ないときは，加工する量も少なくなる。ジュース加工は外部委託している。冷凍モモの急速真空冷凍加工は，自前の加工場で行っている。ただし，冷凍庫はレンタルしている。スムージーを作って販売したら大いに売れた。紅茶メーカーからの注文で，モモ蜜を受注加工した。ゼリー加工も行っている。正社員5名（うち1名は後継者），パート11名である。サクランボの収穫時期には，パートが25～30名に増える。全体的に人手不足である。市のコンベンション協会が運営しているふるさと納税に参加している。

②ネット販売の実態

　ネット販売の売上は年3,000万円程度である。東日本大震災前は，DM（ダイレクトメール）とJA出荷が半分ずつを占めていたが，今ではネット販売が中心となっている。卸販売をしている生産者・団体もいるが，そこは販売先にあったものを作れるのであればそれでいいと思う。消費者に販売するには，そのニーズを踏まえ，何を伝えるかが大事であると考える。販売量は今後も拡大する。これにあわせて供給量も３倍まで増やせる余地がある。直売所やアンテナショップでも販売している。DM発送については，モモについて年１回2,000通送付している。時期によっては，リンゴ販売やサクランボ販売のDMも送っている。

　2013年11月に自社ホームページを立ち上げた。きっかけは，東日本大震災の復興イベントに参加した際，お客さんからホームページがないかといわれたことである。自社ホームページへのアクセスが，2,000～3,000/日のときもあった。自社ホームページは，社員２名の制作会社へ外注して作成した。現在，メンテナンス・管理のため月５万円，年60万円の委託費を支払っている。初期には，自社ホームページで農園の紹介をしていた。2014年，ショッピングサイトをオープンした。ブログを毎日更新し，これを制作会社がアレンジして，ホームページを更新した。動画やユーチューブも活用したところ，反応が多かった。販売では，通販企業と契約している。楽天市場，ヤフー，アマゾンには出店していない。楽天は頻繁に営業に来るが，自社ホームページで固定客の多いP社にとってもともと出店の必要性がない。自社ホームページを開設したことによって，いろいろなところから問い合わせがあった。事務処理専任職４名（正社員２名，パート２名）が専任担当である。注文数が多いので専任の担当が必要である。現在，自社ホームページはスマホ対応となっている。

　年１万件の注文が来る。客単価3,000円である。若年層からの注文もある。夜中に注文が入っている。おそらく，時間とお金に余裕があるのだろう。

　販売では，自社ホームページでの価格と直売所での価格は同じにしている。

多いときで1日300件送付しており，このときは全員総出で対応している。発送日は顧客の要望に応じている。配送はヤマト運輸に委託している。午後に2～3回集荷に来る。ミライソフトの宅配管理システムを使っている。決済は前払いで，ストアーズを通じて行っている。顧客管理システムを活用しており，クレームはメールで対応している。クレームが来たら，状況を確認して直接説明することとしている。このとき相手先から納品物を写メールで送ってもらう。相手の話をじっくり聞くことが大事と思う。たくさん売れているからクレームがくるのは当然と考えている。自社ホームページは，月1回更新しているが，外注先の社員が2名しかおらず，忙しくなっていると作業が滞ることもある。

③特徴

　注文件数が多いので，日々の作業量も多く，運営の効率化が求められている。これに対応して，ネット販売の専任担当が4名いること，顧客管理システムがあること，発送伝票（送り状）印刷システムがあること，決済システムを外注していること，ページ更新を外注していること，など多量のデータを効率的に処理する仕組みが組み合わされている。これらを連携させるため，専任の担当者のチームワークを重視している。

（2）果物少品目

1）ブランド化に寄与するネット販売（C氏）

①全体概要

　C氏は，水稲と梨を栽培する農業を営んでいる。水稲は1町歩，梨は1町4反で栽培している。和梨は10種，洋梨は5種栽培している。梨はブランド化されており，土づくりにこだわっている。1本の木になる梨の数を調整している。梨加工品は，需要があまりなく，加工そのものが難しいので取り組んでいない。そもそも梨は，生食が最も美味しい。ブランド梨の農家は，産地に30～40軒ほど存在している。このうち3軒くらい（自分が始めたときは

1軒しかなかった）がネット販売に取り組んでいる。C氏は、若いときコンピューター関係を学び、その後東京でサラリーマンをしていたが、Uターンした。

　全体の売上は、800〜900万円である。コメの出荷については、全量JA出荷、梨については、JA出荷7〜8割、軒先販売2割、残りがネット販売である。これ以上栽培面積を増やすことは、人手不足のため困難である。8〜10月が収穫時期で、この時期は人手不足となる。親戚などに手伝ってもらうこともある。軒先販売では、ギフト用で1箱3,000円のものが売れ筋である。軒先販売では、顧客が平日40〜50人、土日100人ぐらい来る。このような状況は、自家ホームページで告知するようになってからである。売り子は若者でもできるので、人手を確保しやすい。全国各地に梨産地はあるが、収穫時期はずれているので、必ずしも激しい競争状態にあるとはいえない。現時点で、栽培した梨の需要と供給のバランスがとれている。人手不足で供給量を増やすのは困難な状況である。

　品質のいいものは、ネット販売、次に軒先販売、JA出荷の順番で出荷している。ネット販売のほうが高く売れるし、品質が悪いとクレームがくるかもしれないので、出荷の優先順位は高い。軒先販売では規格外品も販売する。ある事業者から大量に仕入れたいという話があったが、量を確保できないことから、商談はまとまらなかった。

②ネット販売の実態

　ネット販売には、5〜6年前から自家ホームページで取り組んできた。自家ホームページは、C氏自らが作成した。初期時点、グーグルに1回5,000円で広告を載せた。するとアクセス数は増えた。自家ホームページでは、自家の生産物を販売することよりも産地を全国へPRすることが重要と考えている。ネット販売では、ブランドが重視される。価格は、ネット販売品も軒先販売品も同じにしている。産地の相場に合わせている。3,000円箱物で、500円以上価格を高くすると、味がよくても売れ行きは鈍る。高級スーパーと取

引するためには，ある程度の量を確保しなければならないが，ネット販売で
あれば，少量でも販売できる。

　ネット販売の顧客は，40人程度，売上は年20万円程度で全国から注文がく
る。リピーターが多いが，顧客は口コミで増えている。自家消費が多く，ギ
フトは1割程度である。女性が半分以上を占める。

　出荷では，注文がきてから1週間以内に発送する。1日2〜3件発送する。
自家ホームページの更新は，夜間に行う。もともとC氏はパソコン操作が好
きなので，更新作業が苦にならない。自家ホームページの最新情報コーナー
に「軒先販売開催のお知らせ」を告知すると，それを見て来店する客が増え
た。来てもらって，場所を知ってもらうことで，また顧客が増える。自家
ホームページでは，ネット販売よりも「最新情報コーナー」での告知に力を
入れている。

③特徴

　安定したネット販売の売上と自家ホームページ上での軒先販売の開催日時
の告知によって，需給バランスの適正化が図られている。ひいては，ブラン
ド梨栽培に専念できる環境が整えられ，ブランドの維持と品質の向上に結び
ついている。

2）副次的に位置づけるネット販売への取組体制（E社）

①全体概要

　農作業を受託しているE社は，リンゴのドライフルーツやジュースを加工
している。従業員は8名である。加工は，冬にまとめて行っている。加工形
態では，自社加工と委託加工で行っている。ドライフルーツは自社工場で加
工し，ジュースは特殊な技術が必要なので委託加工している。ドライフルー
ツは，4，5年前にブームとなって売れ行きが伸びた。この間自社でも加工
方法に改良を加えてきた。リンゴの生食品は，在庫のリスクがあるので，市
場出荷している。ただし，わずかではあるが，昔からの顧客に限定販売もし

ている。リンゴの生食品は，インターネットでも販売しており，6,000円以上の注文で送料無料としているが，平均注文単価は，4,000〜5,000円である。コメは注文による限定販売である。100セット注文してくる顧客もいる。リピーターが3割程度であるが，おすそ分けの効果で，新規の注文も増えている。栽培・加工・販売のいずれにも従事できる人材を必要としており，新卒採用を行っている。

リンゴの加工品は，ドライフルーツやジュースである。加工品は，パン屋さん等における半製品の原材料にもなっている。今後は，生食品も含めて，事業者向けの販売を増やしていきたい。

加工品の販売先は，ネット販売と店舗直販（道の駅，お土産品店，自然食品店など）である。販売においては，店舗直販のほうを優先している。おみやげなどで購入した人が，あとでネット販売で注文してきたり，口コミで広げてくれることがあるからである。ネット販売量をどうしても拡大しようとまでは考えていない。適正量がはければよいと考えている。生食が第一であり，加工品は必ず生じる規格外品を原料としているからである。規格外品は，できるだけ減らしたい。

②ネット販売の実態

ネット販売は，販売事業による収入の4分の1程度で，年200〜300万円の売上である。自社ホームページで販売している。楽天市場は今後出店予定である。年間60万円程度の費用を見込んでいる。アマゾンには，昔出店していたが，売れなかったので，撤退した。ドライフルーツは，月50件程度の注文がくる。秋に注文が多い。近年売上は増えてきている。加工を拡大したいが，原料不足，人手不足，施設能力不足のため困難である。ネット販売の兼任担当は4人であり，それぞれ分担している。

ネット販売の顧客は，小さな子供のいる家庭が多い。40〜50歳代の女性が多い。小学生以下の子供が好きになって，継続して買うようになるようだ。東京中心である。

　出荷作業では，店舗直販と比べると，ネット販売のほうが手間がかかる。ホームページは，10年で3回リニューアルしたが，これによってアクセス数が増えたかどうかは定かではない。新商品の企画では，現在の商品に関連づけたものにしたいと考えている。

③特徴

　「栽培と店舗直販」を重視しているE社は，「加工とネット販売」を副次的に位置づけている。農作業の委託依頼は増えているが，人手不足でこれ以上受けられない。したがって，ネット販売客が増えているからといって，農作業受託から自前加工や委託加工へ労力を振り替えることは難しい。このような状況を打開するため，E社は新卒採用に積極的である。栽培・加工・販売を担うことのできる多種多様な能力をもった社員を増やして事業環境の変化に柔軟に対応しようとしている。複数のネット販売兼任担当者が分担して担当する加工品のネット販売の展開事例である。

3）差別化された品種のネット販売（G社）

①全体概要

　G農業法人は，社員3名である。社長は，脱サラし，Uターンして起業した。1997年に，市の直売所だった施設を借り受けて事務所として開業した。今年の売上は，年2,500万円（前年1,700万円）である。売上の9割はカボスが占める。収穫の時期は，8月から12月である。周囲では，人手不足の状況がうかがわれるが，新規就農希望者はそれなりにいるし，「有機」栽培に興味のある新規就農希望者も多い。受入れ側の地方はオープンになってきた。耕作放棄される畑もあり，規模拡大をしているところである。有機赤しその栽培にも取り組み始めた。

　栽培品目は「有機」のカボスである。有機JAS認証を取得している。認証取得のため，5万円/年の経費がかかる。年間生産量は，80トンである。自社栽培品を市場出荷すると，A級品はほとんどない。このため，もし出荷す

ると加工用原料として扱われる。なるべく生果品として売りたい。ネットで
は，C級品でもいいので売って欲しいという要望が来る。自家消費でポン酢
や果汁用として利用しているようだ。2 kgで1,200円，4 kgで2,200円，6 kg
で5,000円で販売している。市場へ加工用原料として販売すると，10kgで
2,000円の価格である。有機農業として栽培したところ，体力のない木は枯
れていき，体力のある木だけが残った。このため，一時期収穫できる木の本
数は減ったが，現在では昔以上に多くの木で収穫できるようになった。東日
本大震災以降，安全安心志向から「有機」が重要になってきたのではないか。
近年，「有機」品を価格が高くても購入したいという消費者は増えている。
事務所内で，手作りでのジュース加工を行う能力を有している。カボス
ジュースは，1日36本分絞ることができる。受注生産で1週間分の在庫が可
能である。ジャムは2.5トン作ることができる。だからといって，別途加工
場を作る予定はない。加工場を作っても維持管理が大変だと思うからである。

　全体出荷の7割は，加工用原料として事業者へ直接販売している。生果と
しての販売の割合は3割であるが，この割合を高めたい。JAとは取引して
いない。昔，数トン出荷したことはあるが，有機栽培と慣行栽培との価格比
が1.3倍程度にしかならず，需要に見合った価格になっていないと思ったか
らである。

②ネット販売の実態

　自社ホームページとヤフーで販売している。年間売り上げは，200万円程
度である。G農業法人の社長は，2011年にホームページを作りたいと思い，
業者に相談したところ，30〜40万円かかるといわれて，断念した。知り合い
に相談したら，3万円でいいよといわれたが，ブログで十分ではないかとい
われ，ブログを開設した。その中に，ショッピングページも開設した。その
ページは友人に無料で作ってもらった。ページの更新は，社員も少し行うが，
外部業者が主体で行っており，売上の10％を支払って委託している。今後，
楽天市場へ出店予定である。月額5万円必要とのことで，今まで断っていた

が，月額5,000円コース（売上手数料は，16％）ができたとのことであるので，これで契約しようと考えている。8月から10月に売れればよいと考えている。ヤフーでは，月1〜2件の注文がある。ネット購入の顧客は徐々に増えている。スーパーで買うものよりもネット注文で買うもののほうが鮮度がよく価格も安い。

　ネット販売の顧客は，ほとんど女性である。自家消費が多く，ギフトは数％程度である。半分はリピーターである。年配の顧客は，電話で注文してくる。独身の女性が，テレビの番組を見て注文してきたこともある。顧客は，「有機」の「カボス」であることを求めている消費者である。「カボス」を販売している店は多くあるが，「有機」という条件を加えると，ほとんどない。事業者からの注文は月1回程度ある。こちらから営業しなくても，ホームページを見て電話してくる。昨年，ホームページがきっかけで，大手の会員制オーガニック取扱企業との間で200〜300万円の商談がまとまった。ネット販売で購入後，おいしかったという感想が届くこともある。

　繁忙期には，10〜20件/日の注文がある。「有機」と「カボス」をキーワードとしてアクセスしてくる。注文が来たら，社員へラインで通知する。注文が来て，指定があれば即日，なければ翌日に発送する。決済では，クレジットカード払いを提供していない。後払いである。支払いの事故は，年に2〜3件程度ある。ホームページの登録会員数は，400人程度である。社長が写真をとりブログにアップすると同時に，これをホームページでも使っている。SEO対策をしませんかという話が来るが断っている。顧客は特定のキーワードで検索してアクセスしてくる場合が多く，すでに自社ホームページの表示順位は高いので，必要性が小さいからである。

③特徴

　ブログでアップした写真をホームページでも使うなどコンテンツを融通している。

　高度に差別化できる品種を栽培すること，およびこれと顧客が検索しやす

いキーワードを結び付けることでアクセス性の高いネット販売を実践している。

4）ネット販売を高級品化の足がかりとする（Ｉ氏）

①全体概要

Ｉ氏は，柑橘果樹を栽培している。親子３代目の農家で，本人は就農してから５年目である。大学を卒業後，２年間サラリーマンをしていたが，父親が体調を崩し，農業をできなくなったのがきっかけで就農した。今後農業法人化する予定がある。アルバイトを１人雇いたいと考えている。農作業をできるだけでなく，営業やネット販売など多様な能力を持った人材が望ましい。地域全体で見ると，担い手不足であることは確かである。

柑橘果樹では，ギフト用に使われる高級品種の栽培を増やしたい。ビニールハウス栽培を行い，キロ単価を上げたい。去年，ジュースを委託加工し販売した。無添加でストレートに絞る。720mlボトルを3,000本出荷（売れ残り在庫が発生することを回避したかったため，少なめに加工した）したが，直売所，卸，ふるさと納税などですぐに売り切れた。今年は去年の３倍程度の量を加工したいと考えている。皮むきや種などがあって食べにくい果物でも，ジュースにすると食べやすくなる。アイスクリーム加工は，冷凍庫が必要となるので取り組んでいない。ジャム加工は別のNPO法人が取り組んでいる。10年後を見据えて，栽培品種の高級品化を進めたい。

取引先は，JA出荷７割である。この取引は，安定しているが，成長もしない。これからは，JAに頼らず自立していきたい。次に多いのは直売所出荷３割である。これら以外に，ふるさと納税での出荷が少しある。市でのふるさと納税の金額は，３年で３倍になっている。

②ネット販売の実態

ネット販売を開始してから１年程度経過した。もともとコンピューターの知識はなかったので，一から勉強した。これまで共選出荷をメインとしてき

たが，就農後4年経ち，自分で直接顧客へ売りたいと思うようになったのがきっかけである。ネット販売の売上は，年10万円程度（まだ1年目であるが）である。このうち半分は，業者からの注文であった。ホームページでは，自分の考えていることを直接伝えることができる。また，顧客が自分の栽培したものをどのように感じているのか，その反応を知ることができるのでうれしい。

ネット販売では，業務用1件の注文があった。家庭用の顧客は，15～20人程度である。全国にわたっている。ふるさと納税で送られてきて，おいしかったので注文してくる顧客もいる。11月から3月にかけて注文が来る。

注文が来たらすぐに発送している。支払いは，銀行振り込みと代引きである。フェースブックで日々の栽培状況を情報発信している。初期時点では，「買ってください」とアピールしていたが，今では「自家で栽培している分しか販売できません。今しか買えません」ということをアピールしている。ホームページは，カラーミーショップを利用して，自分で作成した。

③特徴

若手農家で，高級品種の栽培拡大を志向している。安定して売れる普及品種よりも，伸びしろのある高級品種の栽培を増やしたいと考えている。

ジュースの売上が期待以上であったことから，高級品種を材料とした加工に力を入れたいと考えている。果物消費において，生食消費から加工食品消費への流れがあるとすれば，高級品種を材料とした加工品の販売は拡大する可能性がある。販売チャネルとしてのネット販売はこの可能性を高める。

生産者は，自分の栽培した農産物を顧客がどのように食しているか，あるいはどのように感じているかなどについて知りたいと考えている。ネット販売は，このような生産者のニーズを満たすことができる。

消費者の高級品志向と生産者のネット販売志向は，それぞれが相互に影響を与え合って相乗効果を生み出すのである。

5）加工品の企画・販売に役立つネット販売（L社）

①全体概要

　柑橘果物の生産，加工，販売をしているL株式会社の代表は，もともと農家であった。自社の畑の面積は8町歩であるが，農家と契約栽培している畑（借地）の面積のほうが広い。今後生産量を増やそうと考えている。社員12名，アルバイト2名であるが，繁忙期には，収穫と加工のためアルバイトが10名前後になる。このうち生産においては，社員2名，アルバイト2名が作業している。自前の工場で，果汁用原料搾汁，ジュース・ゼリー・ジャムの加工をしており，メインはジュースである。地元の後継者は，少ないので，借り上げ農地が増えている。近年，アルバイトを確保するのが難しくなっている。このため時給を上げることで対応している。供給キャパシティは逼迫している。L社の第一の優先課題は，加工能力のアップ，次に畑の生産性のアップである。

　売上年2.1億円，ここ3年連続で売上が増えている。生食用果物と加工用果物は，選果場で分けており，需給に応じてこれらのバランスをとっている。生食用で，300円/kg，加工用で文旦10〜50円/kg，ゆず60円/kgである。これから増やしたいのは加工用である。単価は安いが，生食は旬の時期しか販売できないのに比べて，加工品は年間をとおして販売できるからである。

　販売先の売上シェアを見ると，卸販売で6〜7割，生食の産直1割弱，輸出1割となっている。JA出荷はない。L社は，事業者向け取引を重点としていく予定である。輸出については，ここ3年で増えた。輸出先は，オーストラリアやインドネシアである。わずかではあるがOEM製造受託も行っており，近年増えている。小ロットにも対応できる。ジュースの加工では，業務用（メーカー向け）受注が6〜7割を占める。

②ネット販売の実態

　売上は年500万円程度，月30万円程度，旬の時期で月100〜200万円である。平均客単価は，5,000円である。月60件，日2〜3件の注文がある。ネット

販売自体は拡大している。価格は，相場と同じにしている。

　楽天市場，アマゾンに出店していたが，全く売れなかった。これらでは，競争が激しすぎる。かといって，ネット広告やSEO対策の実施については，コストがかかるため困難である。今でも，ショッピングモールサイトへの出店要請が来るが，断っている。現時点では販売先が決まっており供給能力が逼迫しているので，新規顧客を増やす必要性は小さい。

　自社ホームページは制作会社へ委託して作った。ショッピングページは，eネコショップで作成した。送り状の印刷と連携しているので，便利だと評価した。兼任担当1〜2名である。

　現時点では，新規顧客開拓について，ネット販売より海外輸出に力を入れている。ただし，自社ホームページのリニューアルについて，外部委託先の制作会社と前向きに検討しているところである。ワードプレスで作成する予定である。

　通信販売では，30年来の客もいる。しかし，この方々の多くは年配でパソコンを使えないので，電話やFAXによる注文とならざるをえない。このため，ネット販売の売上が伸びず，これをやめようとしたこともある。個人客へネット販売していると，その情報は事業者にも伝わる。ネット販売の価格によっては，事業者から問い合わせが来る可能性があり，このことが心配である。ネット専用商品をつくればよいのであるが，このための加工・保管を行う場所がない。

　出荷・納品では，兼任の荷造り担当がいる。1人1日30分程度の作業時間である。ヤマト運輸は1日2回集荷に来る。注文が来てから3日以内に顧客へ到着するように送付している。

　クレームは来ない。会員登録システムはあるが，会員数は30人程度にすぎない。ホームページの更新は，月1回程度行う。現在のホームページは，7年前に作成し，現在リニューアルを予定している。SNSを使っていない。今後，フェースブックを活用していきたい。

③特徴

　販売では，事業者による需要が堅調で，供給能力が逼迫していること，人もスペースも限られていることによって，新規顧客を確保する必要性が見出せない。したがって，新規顧客開拓を目的としたネット販売の位置づけは，必ずしも高くない。

　食の外部化とあいまって，業務用ジュースの需要が高まっている。この傾向は，今後も進むことが見込まれるので，ネット販売の目的を，新規顧客開拓に絞ることは望ましくない。まず，新規の事業開拓を企画し，これにあわせてホームページの活用を連携させていくことが考えられる。

６）特産果物・加工品をDM（ダイレクトメール）と連動させて販売（M氏）

①全体概要

　M氏は，柑橘特産果樹栽培の３代目農家である。雇用者は，常時６名（自分を入れて），事務員４名いる。近隣で柑橘特産果樹を栽培するところや平場で大量生産し安い価格で販売するところが増えてきて，競争が激しくなってきた。耕作放棄されているのは，水はけ，道路等の条件がよくないところで，このようなところでは，おいしいものができない。柑橘特産果樹の栽培には苗からだと20年かかる。新規就農では，自力で栽培できるようになるまで，５年はかかる。現在，農業大学校の研修生を受け入れている。地域で柑橘特産果樹を栽培しているのは25軒程度である。生産量のピークは，2004年から2005年であり，その後減ってきた。M氏は事業の継続性をにらんで，法人化することを考えている。

　売上年1.3億円で，うち柑橘特産果物7,000万円，一般果物2,000万円である。近年５年ぐらいで見ると売上は増えている。加工品として，ジュース，マーマレード，アロマオイル，アイスクリームを取り扱っている。加工は県内の工場へ委託加工しているが，委託先は豊富に存在する。加工品の原材料は，自分で栽培したものを使用し，工程においてはこだわりをもった加工をしている。生食のほうが売りやすく，利益率も高い。加工品では赤字になること

もある。

　販売品のうち，75％は自分で栽培したものである。残りの25％は，知り合いの生産物を販売している。販売先別売上シェアでは，直接個人宅配が95％を占め，残りの5％は，カタログ通販会社への販売である。固定客は，3,000人おり，単発で購入してくれる顧客は，年12,000人である。ネット販売とDM（ダイレクトメール）販売の割合は，おおよそ50％ずつ程度である。ネット販売客とDM販売客は，重複することもある。ネットで購入してくれた顧客には，DMを送るようにしている。DMは，年5回，3,000通ずつ発送している。発送先は，2年間で一定金額以上購入してくれた顧客としている。顧客の買い物の品目パターン，時期などを分析している。顧客管理システムとして，「産直くん」を使っていた。5年間で150〜200万円程度のコスト負担があった。今年から，「店舗アップ」システムを使っており，これによってコストが5分の1程度になった。輸出も少しあるが，輸出品の価格は運送費などで倍になる。

②ネット販売の実態

　M氏は，1994年にパソコン通信から取り組み，2000年に自家ホームページを開設した。楽天市場に出店しており，2,000万円程度の売上がある。客単価は約4,000円である。セール等のイベントには参加していない。アマゾンでは，生食品は売れないので，出店していない。ヤフーは，ドメインコピーで出店しており，それなりの販売額がある。

　ネット販売の売上は伸びている。自家ホームページの客単価は7,000円である。高級なものを大量に買う顧客が多い。兼任担当4名，30〜40歳代である。担当を専任にすると，その担当がやめたときに大変な状況になるので，専任担当にしていない。

　ネット販売の顧客は，女性7割，50歳以上の方が多い。20歳代や30歳代には，価格が高すぎるようだ。リピーターがほとんどである。全国から注文が来るが，その中では関東が多い。ギフトと自家消費はおおよそ半分ずつであ

る。アクセスの媒体では，スマホ3割，パソコン7割である。顧客第一に考えている。自分（M氏）の栽培した果物を食べたいという顧客に売りたい。現在，売上が伸びているので，生産がおいつかない状況にある。

　ネット広告はだしていない。これよりも自家ホームページのコンテンツのボリュームにこだわっている。自家ホームページのカテゴリを増やしたい。決済は先払いで，7割はクレジットカード決済を利用している。自家ホームページはワードプレスで作成した。

③特徴

　大量流通にはなじまない柑橘特産果物の販売事例である。

　4半世紀にわたって，コンピューターを活用した通信販売に取り組んできており，ノウハウを蓄積してきた。DM販売とネット販売を上手く組み合わせている。

　歴史が古く産地規模が小さい場合，顧客から見ると，「なんとなく興味や魅力はあるが，いつどこで売っているか分からないので，買えない」という状況がある。これを打開するため，インターネットで地道に情報提供し，その蓄積でDM販売にも結びつけていく手法は，有効性の高いものである。顧客管理に取り組んでいることは，新規顧客の獲得や効率性の向上に結びついている。

7）チャレンジの場としての活用（Q氏）

①全体概要

　父・母・息子の3人が担い手であるQ農家は，モモとあんぽ柿，自家用コメを生産している。栽培面積は，2.5haで，自家所有と借地が半々である。農作業委託の要望は今後増えるだろうと考えている。息子は，もともとシステムエンジニアだったがUターンして1年間農業研修をうけ，就農2年目である。JAから農作業手伝いとして，年10回で5人/日程度派遣してもらっている。近年，人手不足である。5年後には法人化したいと考えている。

　売上の9割はモモが占める。加工はしていない。たまたま，去年委託加工でノベルティ用モモジャムを作った。加工委託先は，知り合いの農家であった。100瓶作って，80瓶売れた。1瓶300円なので，24,000円の売上があった。黒字ではあったが，今年は作る予定はない。それよりも，20〜30歳代の女性向けにドライフルーツを作ってみたい。冬場の仕事を増やすため，イチゴの栽培にチャレンジしてみたい。モモは，リンゴと比べて保存が利かないので，加工する時期に対する制約が厳しい。

　おととしの年収は1,000万円で，そのうち950万円はJA出荷，残りは，お中元の注文で，1人5,000円で100件の注文があり50万円の売上であった。今年，近所にある道の駅で生食のモモを販売し，250万円を売り上げた。今年は生産量が若干増えたが，それでも，JA出荷はやや減った。いたんだモモは，軒先に置いておくと回収業者が回収し，ジュースに加工している。品種を増やして，収穫時期をずらしていきたい。

②ネット販売の実態

　自家ホームページを開設しているが，そこで販売はしていない。その代わり2016年9月よりヤフーへ出店した。今年の売上35万円である。手数料はないが，Tポイント付与分を負担している。「わけあり」で価格を安く設定した。実際は，いいものを販売していた。これは県の補助事業を活用できたから実現できた。したがって，来年どうするかは検討中である。スマホ専用のショッピングモールサイトであるポケットマルシェに出店している。25万円の売上があった。手数料として15〜16％徴収された。伝票発行機能も整備されている。個人的に，楽天に対していい印象を持っていない。アマゾンは，食のイメージがない。JA出荷と比べてネット販売の利益率は高いと感じる。JAに出荷すると，資材代や営業費用等で4割弱差し引かれる。売れ筋は，2kg箱（6個入り）である。高齢顧客においては昔の感覚で5kg箱が売れる。モモの販売価格を高くしたい。見た目や箱にもこだわりたい。このため，ギフト用を開拓したい。栽培する木によっては，優良なモモを収穫できる。ア

クセスログ解析はしていないが，今年はやってみたい。県の事業で，経営相談を受けられる制度があるので，売上データを示して相談する予定である。

　ネット販売の顧客は，自家用・ギフト用で半々である。ヤフーでの価格はほぼ一定にしている。3〜4日分の注文をまとめて出荷する。品質のいいものを出荷するようにしている。クレームが来たことはない。今年から，ヤフーの顧客にカタログのeメールを送る予定にしている。ターゲットは，高齢者でスマホ，PCを使える消費者である。自家ホームページでは，ブログの更新を週1回程度実施している。ヤフーについては，息子が維持管理している。

③特徴

　30歳代の後継者（息子）が就農して2年目である。様々な試みをしているところである。このうちの一つがネット販売である。ネット販売では，生食品をメインとするか，新規に企画した加工品をメインとするか，決めていく必要がある。生食品をメインとする場合，栽培技術に磨きをかけていくので，結果的に規格外品は少なくなり，加工用材料も少なくなる。また，栽培技術を向上させるためには，長期間の時間を要する。一方，加工品をメインとする場合，試行錯誤せざるをえないが，その結果は比較的短期間で評価される。若い担い手であることから，まずは時間をかけて栽培技術を磨き，生食品の品質向上を目指すことが望ましいのではなかろうか。そのうえで，加工品の企画・開発にチャレンジしていくべきであろう。

　若い後継者は，チャレンジ精神が旺盛である。チャレンジする対象にネット販売が含まれているので，今後の動向が注目される。

（3）野菜

1）ホームページにおける販売促進（B社）

①全体概要

　農業法人であるB社は，農産物の栽培・加工・販売を行っている。もとも

と建設業であったが，農業へ異業種参入した。循環型農業を実践している。社員は4名，うちネット兼任担当は1名である。

　農業の売上は，年4,000万円である。これ以外に除雪作業の受託も行っている。農作業を委託したいという農地はたくさんある。農作業受託を増やす際，生産物の販売先の確保が問題となる。今年は新たな取引先が確保できたので，農地を借り受けたが，トウモロコシのトリミングのための人手と機械をどうするかは課題である。知名度を上げるためテレビやマスコミ等に露出するようにしている。

　取扱商品は，トウモロコシ，麦，ジャガイモ，ニンジンである。トウモロコシは甘みが強いことから人気がある。売上のメインとなっているのはトウモロコシであり，生食出荷がほとんどである。有識者の見解では，当地域はトウモロコシの栽培に適している。一部冷凍加工している。自社が急速冷凍加工方法を開発（開発費の半分は補助金）したものである。

　市場外流通で出荷している。販売先は，スーパー，卸売，仲卸，大手百貨店である。冷凍加工品については，海外，たとえば，フリーザーがあり検疫もスピーディであることからシンガポールでの販売に力を入れている。1本500円のトウモロコシが，週末に500本売れる。トウモロコシの冷凍加工は，外部委託している。トリミングは自分たちでやらないといけないので，加工する量を増やすのは困難である。ネット販売，百貨店，スーパーの順番で優先して，品質のいいものを出荷している。ネット販売顧客は，自社の商品を待っていてくれるので，大切にしている。

②ネット販売の実態

　自社ホームページで販売している。ネット広告をだしている。楽天市場に一時期出店していたが，現在出店していない。楽天市場では，販売手数料がかかるので，ネット広告に費用をかけるほうがメリットは大きいと判断した。楽天市場での会員が3,000人程度いたが，そのうち1割程度は継続の顧客となった。アマゾンは，1年間無料サービスとのことで出店している。売上は

年3〜5万円程度である。ヤフーには手が回らない。ネット販売でのトウモロコシの売上は，年700万円である。生食品がほとんどで，1年間のうち4〜7月の売上が，全体の90％を占める。冷凍加工品は1年中売れている。

顧客のうち，ベースとなるリピーターによる売上が300〜400万円であり，今後増やしたいと考えている。40歳代以上が多い。ギフトは30％程度である。毎年30ケース（10万円）購入してくれる客もいる。女性が7割程度を占める。

注文が来たら，トリミングして出荷する。このため，収穫のピーク時にはパートやアルバイトを雇っている。アルバイトの募集はインターネットで行う。注文に応じて夕方5時までに収穫し冷蔵して，翌日朝ヤマト運輸が集荷配送する。佐川急便は13時ころ集荷に来る，入金システムや与信は，外部サービスを利用している。メルマガを発行している。クレームには返事を早くするようにしている。またできるだけ写真を送ってもらうようにしている。ホームページは月に2〜3回更新している。ヤフーとグーグルにネット広告をだしている。1回あたり100万円の経費がかかる。広告を出さないときのアクセス数は，100人/日，広告を出したとき，400〜500人/日となり，効果がある。ホームページでは，味と品質を強調しているが，大げさな表現にならないよう気をつけている。ホームページのデザインは友人に無料で作ってもらった。現在ホームページのリニューアルを予定している。ワードプレスを使って，スマホ対応や新しいデザインの導入を考えている。アップルペイなどスマホ決済を取り込みたいと考えている。

③特徴

B社は，ネット販売における新規顧客の拡大につながる投資活動を積極的に行う土壌を有していた。そのうえで，外部のショッピングモールサイトへの出店よりもネット広告等販売促進に力を入れている。年間100万円程度の費用がかかるが，それでも，広告をだすと問い合わせ件数が4〜5倍に増大する。このような活動を行うため，兼任の担当者が配置されている。

生産・加工での特徴的な取り組みに加え，販売での費用対効果を踏まえた

適切な投資戦略を模索・実行する戦略的ネット販売への取り組みも注目すべき点である。

2) 顧客ターゲットの明確化 (F社)

①全体概要

F社は，サツマイモを栽培・加工・販売しており，年間売上8億円である。現状で，生産が需要においついていないということはない。連作障害対応で，ゴボウも少し栽培している。ネット販売のシェアは，3～5％，以前は1％程度だったが，ここ1年で増えた。サツマイモの生産は，自社栽培と契約栽培である。契約栽培生産者は，250人程度で，近年増えている。F社は栽培基準を指定している。このため，検査場を所有している。契約栽培生産者は，JAとF社に出荷している。F社の買取単価は，JAより高い。F社が，買取単価を高くするとJAも高くするというように，F社の買取単価は，相場を形成している。したがって，JAとは競合関係になるが，お互いに切磋琢磨していけばよいと考えている。消費者は，サツマイモの品質を価格で判断するので，安くすれば売れるかというとそうでもない。社員は，28名（営業13名，生産15名），パート50名である。F社の生産に携わる人材は，脱サラや兼業農家であり，人手不足ということはない。サツマイモの苗をポット栽培用に販売している。バイオマス燃料を研究中で，海外展開も検討中である。

取り扱い品目は，サツマイモとその加工品である。メディアでとりあげられ，女性から人気の高いサツマイモ品種がある。特徴は甘みが強いことである。加工品の新規企画は，社員が行っている。過去1年間で22件の案件があがった。たとえば，焼酎，化粧品，団子，グラノーラである。加工品の試作自体は外注する。加工の原料は規格外品である。規格外品が1割しかでない名人といわれる生産者もいる。規格外品を販売する場合，その価格は規格品の半値である。今年からジュースの原料として機能性ニンジンを栽培し始めた。

②ネット販売の実態

　顧客は，地域的には，関西在住者や関東在住者が多い。男性４割，女性６割である。年齢は40〜50歳代が多い。健康志向，ダイエット志向の方々である。加工メーカーやスーパーからの問い合わせもある。このような場合は，F社の卸部門につなぐことにしている。サツマイモの価格について，ネット販売のほうがスーパーより１割程度高い。これはネット販売のほうが配送等の手間がかかるためである。今後の顧客ターゲットは，10歳代である。健康志向は今後も続くと考える。

　ネット販売の注文は，10〜12月に多い。夏場は売れない。兼任担当は，SEO対策を実施している。「ホームページの画面」や「クリックボタン」の色合いの違いによってもリスティングの順番が変化する。

　袋詰めで出荷している。出荷状況では，５月で１日あたり４〜５件発送している。冬場ではもっと増えるが，それでも現状の体制で対応できる程度の作業量である。出荷作業は，事務職員が行う。ネット販売の人件費は，平均で１日２人分と換算している。

　支払いには，クレジットカード決済と代引き決済があり，トラブルはない。

　ホームページでの登録会員は，1,200人であり，近年増えている。兼任担当は，SEO対策を実施しており，これによる効果が出ている。SEO対策は今後も実施していきたい。クレームでは，「腐敗していた」というようなものがあり，月に１〜２件寄せられる。この場合返品してもらうこととしている。ネット販売では，クレーム対応は重要と考えている。

　兼任担当は，ホームページのコンテンツを決めている。この指示に従って，外注先がアップしている。

　F社のフェースブックで，「いいね！」をクリックしてもらったら抽選でプレゼントをすることもある。ホームページで会員登録してくれた人に景品を贈呈している。SNSは効果的である。セール等イベントをすると売り上げが伸びる。ラインナップ商品を対象としたコンテストをやったこともある。

③特徴

ホームページでは，アクセスしてきた顧客に対して，買いやすくすること，商品の選択肢を増やすこと，決済しやすくすることが課題であると考えている。今後はスマホ対応にしていく必要があるだろう。

決済方法も重要と考えており，アップルペイを導入していきたいと考えている。ネット販売担当は1名で兼任である。今後，ネット販売を拡大し，SNSの活用を強化していく予定であるが，ネットマーケティングに関するノウハウを持った人材の確保が課題である。

（4）乳製品

1）生産団体とショッピングモールサイト運営会社によるコラボレーション（A牧場）

①全体概要

A牧場は，生乳生産，乳製品製造・加工を行っている。主力商品は，牛乳，ヨーグルト，プリン，アイスクリーム，従商品は，バター，ハンバーグ，カレーである。牧場内には自社工場がある。加工においては，品質を重視しているので，生乳だけでなく卵などにもこだわっている。

牧場での飼育では，牧草にこだわっている。化学肥料を使わない。加工品も生乳のよさを活かすことにこだわっている。加工品の企画は牧場長が行う。

ショッピングモールサイトを運営している会社は，A牧場の製品を全量買い上げている。このとき，A牧場は黒字，ショッピングモールサイト運営会社は赤字である。ショッピングモールサイト運営会社は，A牧場から買い取った製品をインターネットとリアル店舗で販売している。

②ネット販売の実態

A牧場とショッピングモールサイト運営会社はコラボレーションしている。ショッピングモールサイト運営会社の社員1人がA牧場に常駐（現在の駐在社員は滞在2年目）している。遠く離れているショッピングモールサイト運

営会社と駐在社員は常に連絡を取り合っている。少なくとも週1回テレビ会議をしている。

　年間売上は，楽天市場1,300万円（3年半経過），ヤフー300万円（1年経過），アマゾン200万円（3年経過），コラボレーションしているショッピングモールサイト運営会社のサイト1,200万円，合計3,000万円である。リアル店舗への販売額は年1.5億円である（ショッピングモールサイト運営会社が卸売の立場で販売）。ネット販売の売上は，近年伸びている。販売量が増えてもそれに対応して土地も牛も手当てすることはできる。需要に柔軟に対応できる供給体制がある。ネット販売の売上は今後とも伸びると予測しているが，リアル店舗の売上と同じくらいになることはないだろう。ネット販売では送料がかかるし，配達のための時間もかかる。

　楽天市場では，ポイントセール時に売上が伸びる。アマゾンの売上が少ないのは，商品のよさをアピールするコーナーがないから。それぞれの顧客は重複していない。

　同一商品の価格はサイトが違っても同じにしている。

　ネット販売の顧客ターゲットは「健康にこだわっている層」である。顧客の7割はリピーターである。ネット販売の顧客層は，40歳代以上の女性が多い。20～30歳代の女性は，乳製品にあまり興味がないようだ。乳製品に興味を持ち，健康が大切だという意識をもつと顧客になってくれる。ファンになってくれるとギフトとしての購入もある。

　注文は，ショッピングモールサイト運営会社へ来るので，その情報は，A牧場へ伝える。出荷は，ヤマト運輸の宅配便を利用している。入金処理・入金管理は，ショッピングモールサイト運営会社がクラウドシステムを活用して実施している。クレームの受付は，ショッピングモールサイト運営会社が行い，対応はA牧場とショッピングモールサイト運営会社で相談しながら行う。メルマガを発行している。情報収集，情報編集，アップ作業は，常駐社員とショッピングモールサイト運営会社が協議しながら行う。ホームページのリニューアルは，専門のホームページ制作会社へ委託して4～5年に1回

実施している。このとき，最新の技術やサービスを取り入れるようにしている。アクセスログ解析を参考にはしているが，マクロな情報しかわからないため，役にたっているとはいいがたい。

③特徴

　生産・製造（農業法人）と販売（ショッピングモールサイト運営企業）を切り分け，コラボレーションしている。この間を生産現場にいるショッピングモールサイト運営企業の駐在社員がつないでいる。ショッピングモールサイト運営企業は農業法人の製品を全量買い入れている。ここで農業法人が赤字にならないようにしている。

　農業法人が，生産・製造に専念できる環境が整えられている。ネット販売のバリューチェーンでは，ショッピングモールサイト運営企業が主体となっているが，駐在社員が間に入ることによってあたかもひとつの企業のように活動できている（適合性が高い）。ショッピングモールサイト運営企業の社員が生の情報を収集できる体制ができており，製品情報をきめ細かに提供できるようになっている。

2）リニューアルによるホームページへの集客（H牧場）

①全体概要

　H牧場は，わが国有数の別荘地の近くに位置し，約90頭のジャージー牛を放牧している。ルーツは明治時代にさかのぼる。篤農家が，富国強兵で国民の体格を欧米並みによくしようと乳製品の開発に取り組んだのが始まりである。全国でもジャージー牛で同様な規模となっている牧場は5か所程度しかない。土地の制約があるので，今以上の飼育頭数の拡大は困難である。

　牛乳と，乳製品としてヨーグルト，バター，チーズを自社加工，アイスクリーム，ハム，ソーセージを委託加工している。ヨーグルトやバター等は，普及品ではなく，差別化された高級品である。全国展開している高級スーパーとの商談でも，値段が折り合わなかった。高級レストランから食材とし

て利用したいという話があったが，値段が折り合わず商談がまとまらなかった。

　売上は，年1.6億円である。近年，伸びている。スーパーや道の駅への卸販売による売上は，1.4億円。スーパーは地元のスーパーであるが，別荘地に立地しているので，高級品として売れる。牧場内の直売所でも販売しており，売上は2,000万円程度である。ネット販売の売上はほとんどない。生産量のうち，3分の2は，プライベートブランドの加工品の材料となっている。3分の1は，生乳として出荷している。加工品として販売したほうが，利益率は高い。

②ネット販売の実態

　ネット販売は，自社ホームページで2011年に始めた。ホームページは外注して作成した。メンテナンスは兼任担当が行っている。メールで注文を受け付けているが，これを買い物かごシステムへ移行する予定である。ヤマトシステム開発が提供しているeネコショップシステムを導入する予定である。注文から決済までをトータルでサポートしてくれる。決済では，現在不可となっているクレジットカード決済もできるようになる。ショッピングモールサイトへの出店も考えたが，手間がかかることと商品の特性の違い（高級品であること）でうまくいかないと思った。価格が同種の他社商品と比べて，2倍以上高い。

　現在，自社ホームページでのネット販売への注文はほとんどない。固定客はいるが，その多くは電話で注文してくる。お中元シーズンでは，FAXで注文がくる。ネット注文の固定客は，10〜15人程度で関東が多い。

　ネット販売といってもメールで注文を受け付ける形式で，使い勝手が悪い。メールで注文がきたあと，H牧場から料金を伝える。商品を発送するときに，請求書も同封する。後払いである。

　兼任担当がいるが，商品のパッケージを変更した時に，ホームページを更新する程度のことしかしていない。乳製品は贈答品に適しているので，今後

セット品にして売りたい。

③特徴

商品が高度に差別化されているので，価格の安さも重視される大手の
ショッピングモールサイトへの出店にはなじまない。したがって，ネット販
売は，自社ホームページによる形態とならざるを得ない。

今後は，自社ホームページをネット広告やSEO対策，SNSの活用でいかに
PRし認知度を上げていくかが課題となる。

3）来店客から誘導するネット販売の顧客（J牧場）

①全体概要

J牧場は，50年以上前に3セク方式で始めた牧場である。2007年，飼料の
高騰を受けて，乳牛を400頭から200頭へ減らした。牛は，ホルスタイン，ブ
ラウンスイス（乳がチーズの原材料に適している）である。社員は28名，ア
ルバイト・パート20名である。人手不足によりアルバイト・パートの時給は
近年上昇している。

取扱商品は，生乳，乳製品（牛乳，アイスクリーム，チーズ，ヨーグル
ト）である。加工場は牧場内にあり，そこで働く社員は7名，パート3名で
ある。乳製品は手作りである。手作りではあるが，今後作業効率を向上させ
たいと考えている。なぜなら，供給が需要に追いついていない状況ではない
が，それでも供給体制が逼迫しているからである。アイスクリームの加工場
は，施設そのものが古くなったので，来年秋に規模を1.5倍にして建て替え
予定である。生乳の出荷は，JA8割，自前加工2割である。

売上は年5億円である。内訳は，酪農1.1億円，牧場内施設（レストラン・
売店）2億円，卸販売（イオンのお中元，直売場など）1.8億円である。牧
場内施設には，100席ほどのレストランと売店があり，その売上は全体の利
益確保に貢献している。近年の売上動向を見ると，酪農は横ばい，卸販売は
増加となっている。後者の要因は「おいしい」からであり，その源は，「当

地の水は，良質の乳生産を促す」ことにある。現時点では，供給能力と需要量とのバランスはとれている。ただし，供給能力は，上限に近づきつつある。イオンのお中元カタログでは，有名アイスとして紹介されている。イオンのお中元取引は拡大しているが，スーパーへ過度に依存したくない。夏の時期には，宅配数が，1日1,000件に達することもあり，この場合，社員総出で対応している。

②ネット販売の実態

　ネット販売は，10年程前に取り組み始めた。当初，兼任の職員が自前で，eネコショップを活用して自社ホームページを作った。この時期は，アイスクリームの出荷を始めた時で，ヤマト運輸に冷凍配送を委託しており，これとあわせてネット販売をすすめた。今後，関連企業へ委託して，ホームページを刷新する予定である。更新なども任せる予定である。ネット販売の売上は年1,000万円程度である。近年売上は横ばいである。売れ筋は，アイスクリームのセットである。アイスクリームの冷凍宅配では，再配達ができないので，配送単価が高くなってしまう。年間1万人程度の既存顧客にダイレクトメールを送っているが，売上を比べるとこちらのほうがネット販売より大きい。新規需要を開拓する必要性が小さいこととそれなりのコストがかかることから，ショッピングモールサイトへは出店していない。

　顧客管理をしていないので，顧客構造は不明であるが，送り先を全体的に見る限りでは，3大都市圏と九州が多いようだ。リピーターがほとんどである。牧場へ来て，買い物をして食べてみたところおいしかったことから，帰宅後ネット注文してくる顧客が多い。ネット検索でアクセスしてくる顧客は少ないが，今後はこれを増やしたい。ネット注文について季節間格差はない。事業者からの問い合わせはない。今後ネット販売顧客を増やしたい。現状のショッピング用ホームページは，利用者からすると使い勝手が悪いので，外注先に委託してリニューアルする予定である。定期的に配送する顧客を増やしたい。

　これまで，クレームが来たことはない。兼任の職員は，営業も担っており，ホームページの更新がおろそかになりがちである。発酵系の食べ物，ヨーグルト，チーズなどのよさを発信したい。

　③特徴

　現時点では，供給と需要のバランスがとれている。需要を増やそうとすれば，増える状況にあるが，供給能力にあまり余裕はないので，需要増に向けて力を入れる状況にない。

　卸販売で，イオンとの取引量は拡大しているが，理想は，自前の最終需要顧客を確保することとしている。このための手段として，ネット販売を位置づけたいとしている。自社ホームページを開設しているが，ここで完結して，すなわち，ネット広告，SEO対策等によって新規顧客を確保することはできていない。他のチャネルで購入してくれた顧客が，リピーターとなってネット注文していることが多いようだ。

　これまで，ネット販売を副次的に位置づけてきたが，今後は，いわゆる上位顧客を確保したい意向を持っている。大口の販売先としての事業者は，短期的な売上増には貢献するが，長期的には，最終需要顧客を含めて幅広い顧客層を確保することが望ましいと考えている。

（5）コメ

1）価格競争に柔軟に対応するネット販売（D社）

　①全体概要

　生産担当16名を要するD農業法人は，コメ・野菜・果物の栽培・販売を行っている。売上は年2.1億円，水稲面積は28haである。自前の直売所を管理・運営している。ネット専任担当は1人で，就任して3年目である。今後，特に冬場の野菜を充実させたい意向を持っている。たとえば，土地にあった根菜類の栽培を検討している。

　取り扱い品目は，コメ，トウモロコシ，野菜，果物である。コメは現状の

２倍程度まで栽培面積を増やすことが可能であるが，規模拡大しても販売先を確保できるかが心配である。コメはほとんど１等米である。コメの加工品は，利益がでないと考えているので取り組んでいない。トウモロコシの売れ行きがよいので，その栽培面積を増やしている。収穫作業における機械化はしにくいので，繁忙時にはどうしても人手を必要とする。したがって，トウモロコシの栽培面積を増やすことは，必ずしも利益拡大に貢献するとは限らないと考えている。

　自前の直売所を運営している。コメの販売先については，２～３割はJA出荷，３分の１は直売所で販売している。それ以外はネット販売・電話注文である。コメの２等米は業務用で販売している。電話注文や年間予約もある。

②ネット販売の実態

　ネット販売には，2012年から取り組んでいる。現在の年間売上は，1,600万円である。売上の品目別シェアでは，コメが約80％であり，その中心は中級品である。サイト別の売上シェアは，楽天市場90％，自社ホームページ10％である。楽天市場は集客力がある。一方，ヤフーは集客力が弱く，アマゾンは生鮮品販売力が弱いことから，両方とも出店していない。コメが売れ筋となっているが，これはブランド力があるからである，価格帯では中級品が売れている。玄米も売れる。市場価格が下がると値引きして販売する。在庫があった場合，価格を下げることで不良在庫を減らすことができる。一般的に，コメのネット販売には，波がある。たとえば，市場価格が上がると，小売業者が購入してネット販売することもある。相場の価格は重要で，いつもウォッチしている。それに応じてネット販売の価格を上げ下げしている。コメは直売所でも販売している。直売所の販売価格とネット販売の価格は同じにしている。そうしないと顧客からクレームが来るからである。一般的に，現在のコメ販売チャネルでは，ネット販売のウエイトが大きい。スマホでの注文もある。

　トウモロコシや2,000～3,000円の価格帯の野菜ボックスをネット販売して

おり，近年好調な売行きである。

　ニンジンジュースを250円で販売したことがあったが，ほとんど売れなかった。スーパー等で100円で売っているので，競争力がなかった。一般的に，コメのネット販売事例は増える傾向にある。今後ネット販売による売上は増えるだろうが，そのアクセス媒体の主役は，スマホになるだろう。サイトの更新・維持は，ノウハウが必要なことから関連会社へ外注している。自社のホームページの更新・維持に，年間30万円程度支払っている。ネット販売では，必要経費を差し引いて，利益を確保できるかどうかがポイントである。価格を下げることで，売り切ることはできるだろうが，それで利益を確保できるかどうかを常に意識している。

　楽天市場での平均客単価は，5,000円である。リピーターの割合は，4割であり，近年増えている。特に，トウモロコシ，野菜，サトイモでリピーターが多い。サトイモは，ネット販売で90万円売り上げた。顧客の99％は，一般消費者である。男女半々，40歳代30％，30歳代と50歳代がそれぞれ25％である。20〜30歳代は，外食中心のためコメを買うことが少ないのではないかと考えている。消費者は，ネット販売のほうが，スーパー等より鮮度が高いと感じている。

　楽天からセールイベントに参加してほしいという要請が来て，協力することもある。1回のイベントに参加すると，20万円程度の売り上げ増が見込める。メルマガでセールイベントを行うと知らせると販売量が増える。楽天へは，年間200万円程度支払っている。そこには，14％の販売手数料の支払いも含まれる。楽天ポイント制度との連携もある。1円あたりの付与ポイントを変更することで，集客を増やすことができる。楽天市場のリスティング広告をしている。検索結果で2ページ目までに入らないと，アクセスされないからである。

　出荷・納品では，発送日を指定してくる注文もある。収穫直後に送付している。毎日100人程度へ発送している。ヤマト運輸に委託しているが，年間1,000万円以上の費用がかかる。精米したコメの発送では，顧客は鮮度を求

めているようである。

専任担当は，毎日自社ホームページへアップするための写真をとり，直売所をブログでPRしている。直売所では，もぎたてトウモロコシを販売しているが，自社ホームページで朝5:30から販売すると告知したところ，休日では300人もの来店客があった。自社ホームページの告知欄をチェックしている顧客がいるのである。

③特徴

生産者・団体によるネット販売では，中級品であっても鮮度のよさを強調できる。また，一定数の固定客が確保されていれば，価格を柔軟に変更することで不良在庫を減らすこともできる。ネット販売農産物の鮮度優位性と値決めの柔軟性を獲得し保持することで，生産サイド主導型のネット販売が実現している。

2　事例から見たネット販売の特徴

（1）共通して観察される事項

生産者・団体による農産物や加工品のネット販売への取り組み実態を見ると，固有の創意工夫がなされ，品目・事業主体・取組姿勢などにおいて相違が存在した。その一方で，共通する特徴や傾向もうかがわれた。

事例に基づいて，ネット販売に取り組んでいる生産者・団体に共通して観察された課題と対応を整理する。

1）ネット販売の売上の拡大

多くの取り組み事例で，ネット販売の売上が伸びているが，これは，適切なコストをかけて（投資をして）様々な試行錯誤を経て得られている結果である。きっかけは，とりあえずやってみよう，できる範囲でやってみよう，なんとなくおもしろそうだからやってみようといった気持ちだったかもしれ

ない。そのあとの取り組みプロセスにおいて，個別特性を踏まえて練られた創意工夫があった。

　ネット社会の進展によって，消費者はネット販売をより頻繁により多面的に利用できるようになった。事例で紹介した意欲ある生産者・団体は，この流れを踏まえて，さらに自らの創意工夫を加えることによって，トレンドで得られる以上の売上拡大を達成している。

2）人手不足

　少子高齢化，人口減少が顕著に進んでいる地方においては，働き手が減少する。地方において「働く場がない」と「働き手が不足する」が，スパイラルの関係となっている。このため，多くの生産者・団体において，ネット販売担当は兼任で業務をこなしているが，組織全体でみると人材不足に陥る。パートやアルバイトで対応すればよいと思うかもしれないが，そうすると管理する業務も増え，そこに制約が生じる。同様に外部に委託すればよいと思うかもしれないが，情報の非対称性から丸投げは望ましくないので，やはり管理する人材が必要となる。したがって，生産者・団体の内部にネット販売担当のプロフェッショナルが必要となる。

　ネット販売に取り組んでいる生産者・団体では，一人多役な仕事をこなす人材が必要となるので，働き手に総合的な能力が求められる。したがって，複数の分野の業務に携わってみたいと思っている働き手にとっては，魅力的な職場である。このような人材は，農業大学校にいるかもしれないし，ＩＴ関連業界にいるかもしれない。いずれにしても，今後の人材確保・育成では，研修制度や交流制度の充実とともに総合的な能力を身につけられる仕組みを構築することが重要となる。

3）農作業委託の依頼増

　農業の担い手の高齢化と後継者不足がいわれて久しいが，その結果として，耕作放棄地や作業委託要望農地が増えざるをえない状況に陥る。農家として

は，自分が農作業に従事できない状態になっても所有農地を維持していきたいという思いがあることから，できれば農作業委託をしたいと考える。農作業を受託する生産者・団体は，家族経営であれ，企業経営であれ，生産量と販売量のバランスをとらなければならないので，もし上記の要望に応えて生産量を増やすとすれば販売量も増やす，すなわち新規販売先を開拓する必要がある。

　ネット販売は，新規顧客を獲得するための一手段として位置づけることが可能である。ネット販売を活用して独自で新規顧客を獲得しようとしている生産者・団体では農作業委託の要望を受け入れて生産規模を拡大しているが，そうでないところでは農作業受託を増やしにくい。

4）加工への取り組み

　農産物の生産は天候に影響されるので，収穫期間の制約が厳しく，また収穫物の品質に違いが出てこざるをえない。このような状況に対応して，施設建設・維持のリスクを踏まえた植物工場による栽培管理が行われている。また，加工への取り組みにおいて確保できる原材料の量を見通しにくい場合，柔軟に対応してくれる加工委託先に依頼することも可能である。一般的に，ジャムやジュースの加工は大がかりな生産設備を必要としないので，新規の取り組みとして採用されやすい。

　同時に，新規の参入者が増えるので，競争が激しくなり，商品の差別化がしにくいことから価格競争に陥りやすい。このような状況を回避するためには，原材料や加工工程を工夫することによって品質が差別化された加工品を企画・販売する必要があり，これが達成されれば，主力商品としてネット販売の拡大に貢献する。消費行動における食の外部化に伴って，生産者・団体が自ら加工した商品に対する消費者ニーズが多様化・拡大する可能性もある。

5）地域の活性化

　ネット販売に対する取り組み事例に共通する傾向の関連性を整理すると，

次のとおりとなる。

　農産物を原材料とする加工への取り組みは，もしその加工品が消費者に受け入れられるものならば，ネット販売の売上拡大に結びつく。

　ネット販売の売上拡大は，一時的には人手不足を引き起こすかもしれない。しかしながら，長期的には待遇の改善や適材適所によって，よりふさわしい人材を集めるための条件が満たされていき，人手不足の解消に結びつく。

　人手不足の解消は，生産者・団体の生産体制の充実につながるので，より多くの農作業委託の依頼に応えられることに結びつく。

　このようにして，ネット販売への取り組みを介して，耕作放棄地の増大が抑制され，最終的には地域の活性化に結びつく。ネット販売に取り組んでいる生産者・団体が共通して抱いていることがらから読み取れることは，ネット販売に取り組む生産者・団体が増えることは，地域活性化の観点から望ましいということである。

　加えて，自らが栽培し収穫や加工した食べ物が消費者に喜ばれていることを直に知ることは，生産者・団体の方々の喜びや励みにつながっている。ひいては，ネット販売へ前向きにいきいきと取り組む雰囲気づくりや環境づくりに結びついている。売上拡大への貢献はそれほど大きいとはいえないかもしれないが，ネット販売への取り組みは，地域における農業の担い手の方々のモチベーションをアップさせることによって，地域の活力もアップさせていることを強調したい。

（2）ネット販売への取り組みに影響を与える切り口

　ネット販売への取り組みが成功しているか否かは，目標に達しているかどうかで判断できるが，目標自体があいまいな場合には，成功失敗の判断も困難である。そこで，目標を設定する際，それぞれの取り組み内容に影響を与える切り口を探る。

　ネット販売への取り組み実態について，どのような切り口で整理していけばよいだろうか。事例に基づいて，農産物の品目，生産者・団体の規模，取

り組み方針の観点から考察する。

　まず，農産物の品目について考察する。生産者・団体の多くは，品目にかかわらず，市場流通やJA出荷を利用している。市場流通は，安定性に優れており，わが国の農産物流通の中心的な役割を果たしている。多くの事例において，ネット販売の売上シェアは，生鮮品を販売している，あるいは加工品を販売している事例であれ，多くても10％に届かなかった。ただし，もともとダイレクトメールでの直販をメインの売り上げとしていた一部の事例では，ネット販売の売上シェアが高かったが，これは販路確保の考え方の違いが反映していた。品種については，高級品や地域特産品が既存の流通システムになじまない場合，ネット販売に取り組む事例が見られる。一方では，コメのネット販売において，価格競争のもとで不良在庫を減らしている事例があったことから，高級品だけがネット販売に向いているとは限らない。品目や品種によって，ネット販売に適している，適していないということは一概にはいいにくい。

　次に，規模について考察する。売上規模が大きくなるにつれて，ネット販売において，ショッピングモールサイトへ出店する，あるいはネット広告やSEO対策，顧客管理を実施するようになる。ネット販売の売上増施策を模索・実施し効果をあげるためには，コストをかけて継続的に取り組むことが求められる。大規模な事業者は，規模の大きい市場に参入する必要があり，そこで成功するためには，相応の投資が求められる。ネット販売成功のポイントは，規模の大小に応じた対策を講じることである。

　さらに，取り組み方針について考察する。リーダーの方針，あるいは組織・団体の方針によってネット販売への取り組み実態が異なる。リーダーが成長志向を強く意識している場合，ネット販売と関連づけて成長の源を探す。成長するためには，多角的な取り組みが行われることが必要である。たとえば，ネット販売は，栽培農産物の高品質化や新規の加工品開発に挑戦するといった取り組みと関連付けて，販路の確保やパートナー発掘の手段として活用できる。あるいは，DM販売からの購入チャネルの移行や観光農園の入園

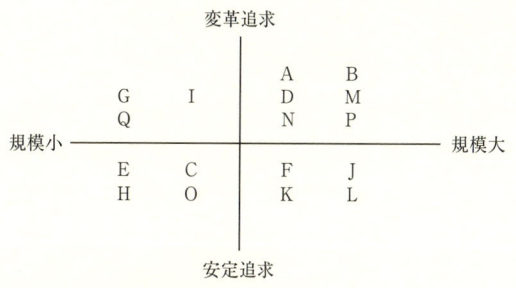

図3-1　収集事例の位置づけ

注：アルファベットは，収集事例に対応している。

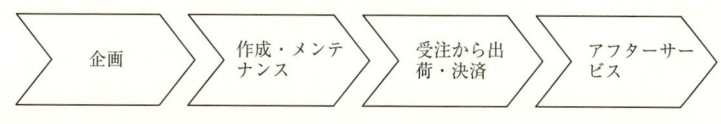

図3-2　ネット販売のバリューチェーン

者増対策の手段として活用できる。リーダーが安定志向を強く意識している場合，ネット販売の位置づけは，売上増確保の重視よりも，顧客サービスの充実やリアル事業への貢献の重視へと移る。リアル事業への貢献では，たとえば，規格外農産物のネット販売，観光農園や軒先販売，直売所におけるイベントの告知，SNSの窓口として活用する。

　規模と取り組み方針に基づいて，各収集事例を位置づけると**図3-1**のとおりとなる。

　ネット販売に取り組んでいる生産者・団体が工夫していることは何であろうか。ここでは，農産物のネット販売のバリューチェーンに沿って考察する。

　ネット販売のバリューチェーンは，**図3-2**のとおりである。なお，バリューチェーンについては，第5章で詳述する。

　バリューチェーンは，企画，作成・メンテナンス，受注から出荷・決済，アフターサービスからなる。

　企画とは，ネット販売のためのサイトの作成・リニューアル，対象農産

物・加工品の選択，価格の設定，ネット広告の実施，SEO対策の実施，サイトメニューやサイト構造の決定，大手や中小のショッピングモールサイトへの出店の適否等について検討するものである。

作成・メンテナンスとは，アップするコンテンツの作成に必要な情報の収集・加工，コンテンツの作成・アップ，セキュリティの確保などを行うことである。

受注から出荷・決済とは，顧客からの注文情報を入手し，それに基づいて注文された農産物や加工品を梱包し，宅配便業者に発送委託するものである。料金支払いについては，前払い・後払いいずれの方式においても顧客からの入金を確認する。

アフターサービスとは，顧客管理，たとえば，リピーター顧客へのサービスや情報の提供，会員制度の運営，クレーム対応である。

以下では，収集事例に基づいて，それぞれの生産者・団体が工夫している，あるいは工夫しようとしている内容を列挙する。

①企画

●自社ホームページにおける販売促進

ネット販売における新規顧客の拡大につながる投資活動を積極的に行う土壌を有している。そのうえで，戦略的観点から，外部の大手ショッピングモールサイトへの出店よりも自社ホームページの販売促進に力を入れている。このため，SEO対策，ネット広告，アクセスログ解析を行う。

●自社ホームページの活用

商品が高度に差別化されている場合，より価格の安いものが選択されがちとなる大手ショッピングモールサイトの活用は望ましくない。大手ショッピングモールサイトでは，価格ランキングや売れ筋ランキングなどがあることで，高度差別化商品を浮き立たせることは困難である。したがって，ネット販売は，自社ホームページによる形態とならざるを得ない。

●多彩な能力をもった人材の確保

　6次産業化に取り組んでいる場合，生産者・団体においては栽培・加工・販売・観光を担うことのできる多彩な能力をもった人材が必要である。このような社員を確保・育成することによって事業環境の変化に柔軟に対応できる。複数のネット販売兼任担当者が分担して担当することが可能となる。

●事業戦略との連携

　顔の見える消費者に自分の栽培した農産物を販売したいと考える若手の生産者もいる。この場合，少しでも差別化したものを栽培し販売したいと考える。安定して売れる普及品種に加えて，伸びしろのある高級品種を栽培したいと考えている場合，新規の販売先の開拓が必要となるが，販売チャネルとしてネット販売を活用することが有効である。

②作成・メンテナンス

●コラボレーション

　生産者・団体とショッピングモールサイト運営企業がコラボレーションしており，この間をショッピングモールサイト運営企業の社員が生産現場に常駐してつないでいる。これによって，生産・加工現場での最新の情報をショッピングモールサイトで提供することができる。

●ネット広告

　ネット広告をだすことによってアクセス件数の増大を図り新規顧客を増やしている。あわせて，ネット販売のマーケティング活動を行うため，専任の担当者を配置している。

●ホームページでの告知機能の発揮

　安定したネット販売の売上とホームページ上での軒先販売の開催日時の告知によって，需給バランスの適正化を図っている。ひいては，ブランド農産物栽培に専念できる環境が整えられ，ブランドの維持と品質の向上に結びついている。

●ホームページ作成のポイント

自社のホームページでは，買いやすくすること，商品の選択肢を増やすこと，決済しやすくすることに重点を置いている。

●コンテンツの有効活用

省力化のため，ブログでアップした写真を自社のホームページでも使うなどコンテンツを融通しあうようにしている。

●検索キーワード

消費者は，グーグルやヤフーといったポータルサイト上でキーワード入力して商品を探す。したがって，生産している農産物に関する検索キーワードが何かに留意する必要がある。顧客が入力する検索時のキーワードを想定し，検索結果の上位に表示されるよう自社のホームページを維持・更新する。

③受注から出荷・決済

●柔軟な値決め

生産者・団体によるネット販売では，中級品であっても鮮度のよさを強調できる。また，一定数の固定客が確保されていれば，価格を柔軟に変更することで不良在庫を減らすこともできる。

●決済

注文数が多い状況で，セキュリティを確保したい場合，決済業務を外注する。クレジットカード決済機能を整備することは当然のこととして，今後アップルペイなども導入して，スマホでも決済できるようにする。

●SNS

生産者・団体と顧客とのコミュニケーションや顧客同士のコミュニケーションの活発化，あるいは自らの情報発信を頻繁に行うため，SNSの活用を強化している。

④アフターサービス

●メールマガジンの活用

メールマガジンを発行することによって，情報提供の活発化による顧客と

の信頼関係の醸成を図ろうとしている。

●クレーム対応

クレームには返事を早くするようにしている。クレームには，真摯に耳を傾けじっくりと話しを聞く。写メールを送ってもらうことによって，クレームの信憑性を確認することもできる。

●会員登録

自社ホームページで会員登録コーナーを設ける。登録会員へのサービスとして，ポイント付与やセール告知などで囲い込みすることも可能である。大手ショッピングモールサイトのポイント制度やセールの実施に参加することは，新規顧客を獲得することにつながる。

●顧客管理

カタログによるダイレクトメール販売を実施している場合，そこでの顧客をネット販売顧客へ誘導する，あるいはその逆の流れを誘導することによって，顧客は複数チャネルの購入手段を活用できるようになる。このような顧客利便性の向上を図るためには，顧客の購入パターンを分析するなど顧客管理システムの活用が有効である。

第**4**章

ネット販売に取り組む際の課題

　生産者・団体が，ネット販売へ取り組む際，どのような課題が存在するだろうか。取り組み内容に影響を与える切り口である生産規模の大小とリーダーの取り組み方針別に，全体的な課題を探る。

　また，ネット販売へ取り組むと決断した際，あらかじめ吟味しておくべき項目として，リスク管理，人材確保・育成，コラボレーションをとりあげ，想定される課題を掘り下げる。

1　全体的な課題

（1）ネット販売の位置づけ

　ネット販売に取り組んでいる生産者・団体から，第3章1で示した積極的に取り組んでいる事例以外で，次のような声が寄せられた。

・ネット販売担当者が病休の為，長期不在となっている。通常，一人で担当しているので，他に詳しく対応できる者がいない。
・ネット販売については，先月に開始したばかりで，うまくいっている，うまくいっていないという判断を出すことができない。
・自社のホームページに商品紹介をアップしているが，積極的な展開はしていない。
・カタログ通信販売を主としており，ネット販売に関するデータはない。
・事業者向け販売中心で，ネット販売はあくまでも個人でも購入したい方に販売している程度である。まだネット販売には注力できていないが，今後は力を入れていきたい。

・ネット販売についてほとんどうまくいっていない。

・ネット販売もしているが，けっして成功しているわけではない。

・家族経営で小さく営んでおり，ネット販売に注力していない。

・まだまだ発展途上で，ネット販売の実績がない。

・Web運営を他社に委託しており，まかせっきりである。

・ネット販売はこれから力を注いでいきたい。

・対面販売または業者への卸販売を中心に行っており，ネット販売はどちら
　かというと補助的な位置づけである。

・ネット販売は，販売全体のほんの少しを担っているにすぎない。

・家族で小さくやっており，ネット販売よりは紹介などでの販売が主になる。

・東京でメールを見て，必要なものは社長にファックスしている（社長が
　メールを使えないため）。ホームページを更新していない。

・ホームページで商品を載せているが，ネット注文はほとんどない。宣伝の
　つもりで載せている。実際は口コミ等で広がっていて直接電話で問い合わ
　せがくることが多い。スーパー等で見て連絡がくることもある。

　このように，ネット販売に取り組んでいる生産者・団体の中には，必ずし
も前向きな状況にある事例が多いとはいえず，問題を抱えているものも多い。
　一般的に，ネット販売に取り組む際の生産者・団体の意識は，大きく，①
現在の生産物の販売先拡大・販売先多様化のチャンスととらえ一生懸命取り
組んでいる，②販路は確保されており供給力強化は難しいので販売先拡大の
必要性は小さいが，できる範囲でホームページは作っておきたい，③販路は
確保されているが，新たなことにチャレンジするので，このための手段とし
てネット販売を活用していきたい，に分けられる。①，③についてはネット
販売が重要と認識されているが，②についてはネット販売はとりあえずやっ
てみようという位置づけになる。ノーリスクノーリターンでありコストがほ
とんどかかっていないので，うまくいっていないと感じても改善しようとい
う検討がなされることは少ない。ホームページを作成して，そのまま放置さ

れることが多い。

たとえば，次のような事例である。

有限会社Y社は，従業員13名を擁し，コメの生産・加工・販売と麦・大豆の生産を行っている。生産の受託をしており，受託農地は140haある。売上年3億円で，そのほとんどがコメの販売によるものである。もちを加工する自前の加工場（店舗に併設している）を所有しており，その売上は，年1,000万円未満である。加工では，パート3名が従事しており，他社からのOEM加工受託も行っている。

コメの出荷先は，地元スーパーへの直販とJA出荷である。これらの比率は近年ほとんど変化しておらず安定している。つきたてもちは，自前の店舗，スーパー，JA直売所，予約注文で販売している。加工について新規企画を考えているところである。

ネット販売は，自社ホームページを10年以上前に開設してから始めた。ホームページの作成は制作会社へ委託した。商品の紹介はしているが，注文をメールで受ける形態で告知をメインの機能としている。「ホームページがあること」を第一の意義にしている。買い物かごシステム導入の予定もない。それでも年に数件の注文がある。若手の兼任担当1名である。コメの販売先は安定して継続取引できているので，ネットで販売し顧客を増やす必要がなく，自社ホームページはこのままでいいと考えている。ショッピングモールサイト運営会社，ホームページ制作会社，ネット広告会社等からネット販売充実の提案が来るが，断っている。ホームページは，年1回更新し，会社のブログは月1回更新している。日々の活動記録として，フェースブックに記録している。

以上のように現段階でY社はネット販売に力を入れる動機がなく，自社ホームページを改善する予定もない。このような企業の課題は，まずはネット販売を全体目標の重要な一手段として位置づけることである。このうえで，ネット販売への取り組みを一つの投資ととらえ，目標と達成手段を決定し，

それを達成するために努力するという意識を持つことである。たとえば，Y
社は，もち加工品の新企画を検討しているとのことなので，この検討に役立
つ自社ホームページ活用が課題となる。あるいは，一般的に，販路が安定し
ている場合でも，リスク分散を志向して販売先を多様化しようと考えれば，
その一つの手段としてネット販売を位置づけることは可能である。

（2）類型別の全体的な取り組み課題

　ネット販売にある程度重きをおいて取り組んでいる生産者・団体において
は，取り組み課題が必ず生じる。ネット販売に取り組んでいる生産者・団体
の取り組み課題は多岐にわたるが，これらを，どのような検討軸で整理すべ
きであろうか。第3章1で整理した事例に基づいて，取り組み内容に影響を
与える切り口を探ったところ，生産規模の大小とリーダーの取り組み方針が
浮かび上がった。既存事例を見る限り，これら2つの検討軸によって，ネッ
ト販売の特徴が異なっていた。

　これら2つの検討軸によって取り組み内容が異なる要因はどのようなもの
であろうか。

　生産規模の大小によって，ネット販売におけるコスト負担能力やコスト負
担実績額が異なる。法人組織で生産規模が大きければコスト負担能力も大き
いので，思い切った投資が可能である。あるいは，それまでに負担してきた
コストを切り詰める余地がある。一方，家族経営などで生産規模が小さけれ
ばコスト負担能力は小さいので，新規の投入資源に対する制約は厳しくなる。
あるいは，もともとコスト負担している額が小さいので，コスト削減に取り
組む余地も小さい。戦略の観点から考察すると，生産規模が大きくなればな
るほど，合意形成の難易度も高まるので，目標をたてること自体の困難性は
増す。同時に，困難を乗り越えて合意を得た目標を実現するための競争戦略
の重要性も増す。生産規模が小さければ，合意形成の難易度は低いので，ス
ピーディに目標をたてることができる。しかし，困難に遭遇した場合，作成
された目標に対する達成意欲が放棄される可能性は高くなる。生産規模の小

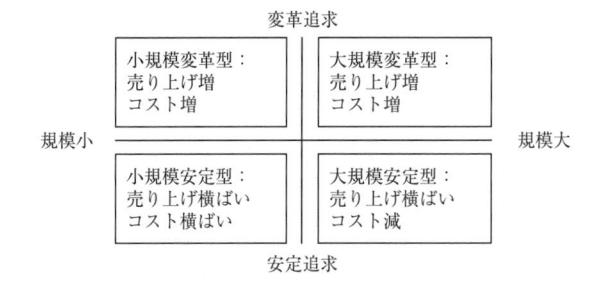

図4-1　類型別の取り組み課題

さい事業者が取り組む新規事業は，ローリスクであることが望ましい。

　取り組み姿勢は，生産者・団体のリーダーの意向によって異なる。一般的に事業の発展プロセスでは，漸次的進化過程と革新的変革過程が交互に起きるといわれている。前者は，定型的，ルーチン的な変更であり，安定を追求し比較的長期にわたって継続される。後者は，事業フレームそのものを変更するものであり，変革を追求し数年に一度行われる。生産者・団体がネット販売に取り組んでいる場合，漸次的進化過程あるいは革新的変革過程の時期のいずれかに該当する。前者に該当する場合，それまでの売上を維持する意識が強くなる。後者に該当する場合，売上拡大を目指す。

　類型別にネット販売に関する課題を整理すると**図4-1**に示すとおりである。

　生産規模が大きく変革を追求する「大規模変革型」は，広い範囲の事業領域でシェア上位の生産者・団体が該当する。事業の多角化に積極的である。ネット販売に関するノウハウを蓄積しているので，それを踏まえてショッピングモールサイトへの出店，ネット広告などを拡大させる。また，より多くの顧客を自社ホームページに集めるため，SNSや個人ブログでの口コミやレビューを活用する。

　生産規模が小さく変革を追求する「小規模変革型」は，狭い範囲の特定領域でシェア上位の生産者・団体が該当する。事業規模の拡大のため法人化や他事業者との連携を進める。ネット販売に関するノウハウが蓄積していないので，それを補う人材やパートナー事業者が必要となる。

　生産規模が小さく安定を追求する「小規模安定型」は，特定分野でブランド化が実現している生産者・団体が該当する。生産体制の制約などによって事業規模の拡大を志向していない。ネット販売に関するノウハウは蓄積していないが，固定客数は満足できる水準に達しているので，それまでのやり方を踏襲する。自社のホームページでの情報発信や固定客との信頼関係の構築に固執しがちである。ともすれば固定客との関係維持を重視しがちであるが，固定客であっても年齢を重ね家族構成も変わるので，同時に新規顧客の開拓を図る必要がある。

　生産規模が大きく安定を追求する「大規模安定型」は，広い範囲の事業領域でシェア上位の生産者・団体が該当する。事業の多角化にはあまり積極的でない。ネット販売に関するノウハウを蓄積しているので，それに基づきながらも，費用対効果を比較してより効率のよい，あるいは顧客へのサービス向上に結びつく販売手法への修正を追求していく。

　これらの類型とネット販売における生産品目との関係について，収集事例に基づいて考察する。ただし，収集事例では生産品目が限られていることに留意が必要である。

　生産品目による収集事例の分類は，数種類の果物を販売している果物多品目，複数種類以下の果物を販売している果物少品目，野菜，乳製品，コメの5分類である。上記生産者・団体の4類型別に，生産品目5分類の事例を位置づけると**図4-2**のとおりである。

　収集事例における生産品目を整理したところ，小規模変革型の象限に該当する生産品目を見ると，そのすべてが果物少品目に属する事例であった。果樹栽培において，生産者・団体が規模を拡大しようとすることは，たとえば作業受託を増やす，栽培方法を工夫する，加工事業へ取り組むなどで比較的容易であることを反映している可能性がある[1]。また，ネット販売は，品目を拡大しようとする場合に課題となる新規販路の確保に対して貢献できる。したがって，限られた品目での考察ではあるが，複数品目以下の果樹生産を行っている生産者・団体のリーダーが変革意識を持っている場合，ネット販

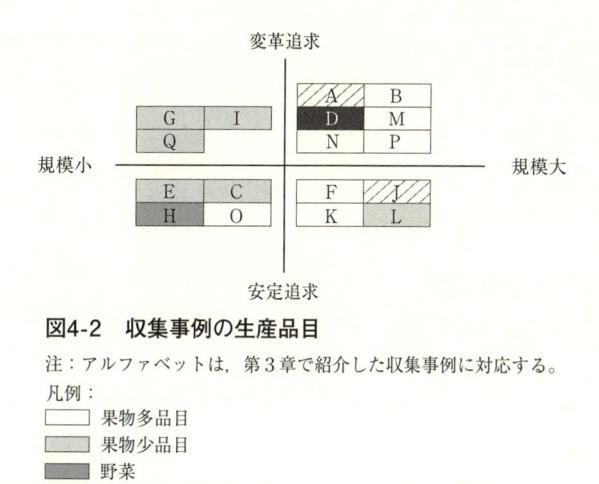

図4-2　収集事例の生産品目

注：アルファベットは，第 3 章で紹介した収集事例に対応する。
凡例：
　□　果物多品目
　▨　果物少品目
　▨　野菜
　▨　乳製品
　■　コメ

売へ積極的に取り組んでいくようになることが見込まれる。

2　ネット販売へ取り組むにあたってあらかじめ検討すべき課題

（1）課題の特定

　本書のメインテーマは，ある程度ネット販売に重きを置いて取り組んでいる生産者・団体が，それではどのように取り組んでいったらよいかについて知見を提供することである。実際には，本章1（1）で示したように，ネット販売に重きを置くべきか，置くとすればどのような方向性とすべきか，に関して迷っている生産者・団体は多い。

　ネット販売に取り組むとした場合，あらかじめ検討しておくべき課題として，投資に関する課題と人材確保・育成の課題，コラボレーションに関する課題があげられる。これら課題をクリアできると考えるならば，ネット販売へ取り組むことは適合しているといえる。投資に関する課題は，ネット販売の商品を何にするか，大手ショッピングモールサイトに出店すべきか，ネッ

ト広告を出すべきか等リスク管理の課題である。人材確保・育成に関する課題は，サイトの維持・管理を自前で行うか外注するか，自前で行う場合専任担当にするか兼任担当にするか等の課題である。コラボレーションに関する課題は，サイトの作成・管理を外注する場合，パートナーとの役割分担はどうすべきか等の課題である。

（2）リスク管理での課題

　ネット販売に取り組むとした場合，大手ショッピングモールサイトへ一定のコスト負担を覚悟して出店する場合と自前でホームページを作成する場合がある。収集事例を見る限り，前者においては，それ相応のコスト負担があるが，うまくいけば相当程度の売上上昇を確保することが可能である。一方後者においては，自分自身でホームページを作成することでコスト負担は軽くなるが，アクセス数を増やしていくことは容易でない。さまざまなところで，とりあえずホームページを作ってみたが，アクセス数は増えず，そのまま放置しているといった声が聞かれる。一般的に，事業に投資する場合，ハイリスクハイリターン方式かローリスクローリターン方式かを選択しなければならない。

　たとえば，市場出荷していた農産物の一部を大手ショッピングモールサイトで販売するとしよう。市場出荷する場合の売上，年100セット，20万円分をネット販売に振り向けるとする。大手ショッピングモールサイトに支払うコストを仮に年10万円とする。ネット販売では20万円プラス10万円で，30万円の売上を達成する必要がある。したがって，100セット販売するので，ネット販売における単価を1.5倍に設定しなければならない。もし，小売価格の相場が，1.5倍未満であれば，ネット販売に振り向けてもメリットは得られないこととなる。売れ行きが芳しくないことから単価を下げてしまうと，ネット販売よりも市場出荷のほうが採算性は高くなる。大手ショッピングモールサイトに支払うコストである年10万円の範囲内でアクセス数を増やす手立てを考えておく必要がある。

　あるいは，新規の取り組みとして，規格外品を委託加工してその加工品をネット販売するとしよう。規格外品は自家消費などで売上に貢献していなかったとする。委託加工のコストは，100セット，10万円とする。自前のホームページで販売すると仮定すると，1セット1,000円で100人の顧客に販売することで，他の関連経費が無視できる程度である場合，採算がとれる。新規の取り組みなので固定客がいないとすると100人の新規顧客を見つける必要がある。1人あたり4セット購入するとしても25人の新規顧客を見つける必要がある。多くの消費者がインターネットへアクセスしているので，25人の新規顧客を見つけることは実現容易な数字に思えるかもしれないが，競合相手も多いので，そうとも限らない。まずは新規加工品を知ってもらう必要があり，その後新規加工品の特徴を理解してもらう必要がある。しかし，おいしさを表現することは容易ではない。

　上記の想定事例は単純化しており，定性的な観点や時間的な観点も入れ込んで，より詳細に検討する必要がある。定性的な観点については，コストとして，梱包や発送，問い合わせ対応等の作業が上乗せされる。効果として，自社ブランドの知名度が上がる，顧客の顔が見えることでニーズに合わせた対策を練ることができる，顧客からの信頼度が上がる等があげられる。これらはいずれも貨幣換算しにくい項目である。時間的な観点について，1年目は販売数量が目標に達しなかったが，継続的に取り組むことによって少しずつ浸透し，2年目以降売上が伸びていく可能性がある。長期的観点で採算性をとらえることも必要である。新規事業への取り組みでは，1年目で単年度黒字を達成することはまれであり，数年のスパンで累積赤字を解消することをめざすという考え方をとる場合が多い。

　農産物の生産においては，たとえば新品種の栽培に取り組む，新たな栽培方法を採用するなどにおいてリスクが存在する。ネット販売においても，ショッピングモールサイトへの出店，ネット広告の実施，SEO対策の実施，ホームページのリニューアル，ネット販売セールの実施などの施策に投資すべきかどうかの判断が求められる。

ネット販売の事業リスクをどうとらえるべきであろうか。

販売先を大きく分類すると，市場出荷，直売，ネット販売に分けられる。市場出荷は安定性に優れる。直売は，みやげ物品店，道の駅などでの実店舗販売で，手間はそれなりにかかるが，一定量の販売額を確保できる。ネット販売は，固定客を確保するまで一定の時間や手間，コストがかかるが，固定客が確保されれば，安定した売上確保に結びつくし，顧客からの反応をダイレクトに知ることもできる。

大規模変革型や小規模変革型では，売上におけるネット販売のシェアを大きくするため，大手ショッピングモールサイトへの出店を積極的に行う。ネット販売に適した農産物の生産に力を入れる。

大規模安定型や小規模安定型では，ホームページの活用におけるネット販売のウエイトを小さくする。ホームページの構成においては，ショッピングコーナーよりも，直売の告知コーナーやリクルートコーナー，生産情報の公表に力を入れる。

（3）人材確保・育成での課題

生産者・団体がネット販売に取り組む場合，担当する人材をどう確保・育成するかが課題となる。一般的に生産者・団体の抱える課題が異なれば，確保・育成すべき人材像も異なる。

大規模変革型では，大手ショッピングモールサイトへ出店，あるいは自社ホームページの充実を図ることとなる。大手ショッピングモールサイトへ出店する場合，大手ショッピングモールサイト運営企業からさまざまな働きかけ，たとえばセールへの協力，ネット広告の出稿などが寄せられる。ここで必要な人材は，システム知識よりもマーケティング知識を有する人材である。費用対効果の面からどのレベルでどの販売促進策で出店するのが望ましいのかを判断できる人材である。自社ホームページの充実を図る場合，ある程度のシステム知識を有する専任担当人材が必要である。オーナーとの情報交換によって変革に対する思いを理解したうえで，能動的主体的に自社ホーム

ページの作成・メンテナンスを行うことのできる人材である。

　小規模変革型では，まずは自社ホームページの充実を図り，その後，大手ショッピングモールサイトへ出店することとなる。自社ホームページの充実を図る時，小規模であることから，ネット販売の専任担当者を確保することは困難である。したがって，方法としては，外部のサイト制作企業へ外注する，あるいは契約社員を雇うことが考えられる。前者の場合，外注するサイト制作企業の選定が難しいので先駆者に尋ねたり，自分のネットワークを活用して探すこととする。ここでは，すべてを外注先にまかせるということではなく，お互いのコミュニケーションを密にとることで自らも関与していく。特に全体方針を外注先にしっかりと理解してもらう。契約社員を雇う場合，時間をかけてじっくり人選をする。農閑期に計画的に行うことがよい。

　小規模安定型では，既存のネット販売顧客を大事にすることが優先されるので，固定客の管理を行う。新規に人材を確保することは困難であるので，農閑期などに代表者（オーナー）自らが固定客へ情報提供していくことが有効である。生産者・団体の代表がネット販売に対する方針を持ちつつ兼任担当となる場合，システム知識を有していることが望ましい。

　大規模安定型では，それまでのネット販売に関する投資の見直しを行う。ネット販売は，全体的な事業方針に沿って行われるべきであるので，この観点から既存のネット販売によるコストと効果を評価する。望ましいのは，ネット販売投資をする前にその評価方法をあらかじめ決めておくことであるが，そうでない場合にあっては，第3者評価を実施する。ここで，この評価を行う人材が必要となる。外部の有識者に依頼することも考えられる。生産者・団体の代表者はこの評価結果に基づいて，その後のネット販売の方向を決める。あるいは，専任担当体制をやめ，複数の兼任担当者を任命し，それぞれが分担していくことも考えられる。このためには，多彩な才能を持った人材が団体内に確保されていることが必要であり，新規人材の採用段階で考慮しておかなければならない。

（4）コラボレーションの課題

　コラボレーションとは，外注形態において，あらかじめ決めた特定の業務を委託する形態ではなく，企画や運用において，委託元と委託先が調整しながら，より親密な連携のもとで業務を進めていくものである。ネット販売に継続的に取り組んでいく場合，サイト制作企業とコラボレーション形態ですすめていくことが有効となる場合がある。

　生産者・団体が，サイトを作成する場合，所属社員が行うか，外部へ委託するか決める必要がある。また，サイトの維持・管理や運用についても，内部で実施するか外部へ委託するか決める必要がある。

　サイトの作成・管理・運用の作業は，関連する技術の進歩によって，より簡便になるが，一方では，様々な新システムが短期間で登場することで，そのスキルを覚えることが困難になる。

　もしも外部へ委託することとなった場合，重要なことは，生産者・団体と委託先との信頼関係の構築である。メーカーと小売業が信頼関係を構築するためには，「分配に関する公正さ」と「手続きに関する公正さ」が重要であり，コラボレーションにおいてこれらを意識する必要がある[2]。外注する前に，ふさわしい委託先かどうかを正確に見極めることは困難なので，委託先のいかんにかかわらず，信頼できる関係を構築していく努力をすることが肝要である。収集事例においては，委託先を知り合いの紹介で決めた，とりあえず知人に頼んだ，という声を聞く。一方では，ショッピングモールサイト運営会社，サイト制作会社等から働きかけがくるが，無視しているという声も聞く。待ちの姿勢ではなく，自らの戦略にそって，自らが委託先を探し選択していく姿勢が求められる。

　大規模変革型では，大手ショッピングモールサイトへ出店，あるいは自社ホームページの充実を図ることとなる。処理する情報量は多量なので，これを効率的に処理するため，相応の能力を持った委託先へと変更していくことが望ましい。この際，委託先選定の段階で，自らの方針を納得してもらうま

で説明していくことが求められる。

　小規模変革型では，まずは自社ホームページの充実を図り，その後大手ショッピングモールサイトへ出店することとなる。当該生産者・団体は，ネット販売の経験が乏しいので，委託先に頼る場面が多くならざるを得ず，委託先の選定を慎重に行う必要がある。情報ギャップが大きい可能性があるので，コミュニケーションを密に行うことが重要である。また，予想外の状況が発生する場合に備えて，柔軟な契約形態にしておくことが望ましい。

　小規模安定型では，既存のネット販売顧客を大事にすることが重要であるので，固定客の管理を行う。委託先とは長期の関係を築けるようにする。往々にして「丸投げ」状態となりがちなので，そのような状況においても積極的な提案をしてくれる委託先であることが望ましい。

　大規模安定型では，それまでのネット販売に関する投資の見直しを行う。そのため，既存のネット販売のコストと効果を評価する。評価結果によって，委託先を変更する必要が生じる場合と生じない場合がある。前者の場合，それまでのやり方を理解してもらうとともに，その作業をより効率的に行うことができるような委託先へ変更する。後者の場合，人事交流やマーケティング活動，新事業企画活動なども含めて委託関係を深化させていく。

注

1 ）徳田博美（2017）「先進的農業経営体の展開と地域農業システム―果樹産地を事例として―」『農業経済研究』，日本農業経済学会，第89巻第 2 号，pp.91〜105において，果樹農業における先進的農業経営体の形成は，販売面で独自の流通ルートの開拓や果実加工事業の導入を契機とするものが多いと述べられている。

2 ）Harvard Business Review編著，DIAMOND ハーバード・ビジネス・レビュー編集部訳（2001）『バリューチェーン・マネジメント』ダイヤモンド社による。

第**5**章

競争戦略

　ネット販売に取り組む生産者・団体が増えることは地域活性化に結びつくこととなるが，同時に，生産者・団体は，競争状態の中で事業を行うこととなる。インターネットの世界はオープンで，競争相手が増えることに留意する必要がある。本書では，生産者・団体は，戦略（目標とその達成手段）を明確にして取り組むことが望ましいと考える。

　ここでは，マイケル・ポーターが提唱したバリューチェーン分析に基づいて，競争戦略に関する理解を深める。このため，競争戦略とは何か，競争戦略が満たすべき条件は何かを解説するとともに，収集事例にあてはめてみる。

　また，競争優位が長続きしない時代においては，撤退戦略も重要となることから，これを進めるためのシナリオについて述べる。

1　競争戦略の考え方

（1）競争戦略の意義

　農産物のネット販売に取り組んでいる生産者・団体の実態を見ると，リスク管理での課題と人材確保・育成の課題，コラボレーションに関する課題が浮かびあがった。

　物販系のネット販売は，今後普及していくことが見込まれる。供給側から見ると，サイト制作の簡便性の向上，決済システム・顧客管理システム等サービス環境の充実から，参入に対する障壁は小さくなる。需要側から見ると，スマホ世代の増加によるインターネットに対する抵抗感の低下，SNSの普及による顧客間ネットワーク化等から，利用しやすい環境が醸成されていく。農産物販売においても，上記のような動きが進むことが見込まれ，生産

者・団体，流通業者，システム関連業者等供給側の参入者は増大し，ネット販売は成長時代に突入し，その競争は激しくなる。

　今後とも，リスク管理での課題と人材確保・育成の課題，コラボレーションに関する課題がなくなることはない。個々の生産者・団体は，激しくなる他事業者との競争を意識しつつ，ネット販売に取り組んでいくこととなる。「ネット販売に取り組んでいるが力を入れていない」や「ネット販売に取り組んだばかりでよくわからない」といった状況に陥らないようにするためには，それなりの工夫・対応が必要である。2000年代前半であれば，適した人材がいなかったから，知識がなかったから，販売している品目が適していなかったから，という理由でうまくいかない原因を説明できたかもしれない。しかしながら，多くの取り組み事例が蓄積してきた現在では，生産者・団体の特性にあったネット販売の方策を見つけることが可能となっている。

（2）バリューチェーンの明確化

　以下では，ネット販売に力を入れたいと考えている，あるいはネット販売を重要な取り組みと位置づけている生産者・団体を対象として，成功に導くための方策について論じる。このため，農産物のネット販売について，マイケル・ポーターが提唱した競争戦略に関する考え方に沿って，議論を進める[1]。

　まず，成長時代における競争とは何かについて考察する。マイケル・ポーターは，「ビジネスでは複数の勝者が繁栄，共存することができる。このような競争は，競合他社を破壊することではなく，顧客のニーズを満たすことに焦点を置く。満たすべきニーズは無数にある」という。スポーツの試合と違い，勝者は1人とは限らず，対象とする顧客やニーズごとに多様な競争が行われる。農産物に対するニーズを見ても，食べておいしいと感じたい，安全なものを食べたい，健康を増進したい，ギフトを送って喜ばれたい，このようなものを知っていると自慢したい，などさまざまである。

　競争優位とは何か。マイケル・ポーターは，「競争優位をもつ企業は，競合他社に比べて低いコストで事業を運営しているか，高い価格を課している

か，その両方だ」という。空論にならないため，財務業績と関係づけること
が必要と指摘している。

　競争戦略とは，企業のある事業部門が競争優位を得るための事業の進め方
をいう。企業戦略（全社戦略）とは，複数の事業全体のビジネスの進め方を
いう。生産者・団体が生産事業，加工事業，ネット販売事業を行っていると
すれば，それぞれの事業ごとに競争戦略を練る必要がある。

　競争優位を得るため，競争戦略を選択するのであるが，その選択は，相対
的価格または相対的コストを自分に有利になるよう変化させるために行う。
選択するために注目すべきものは，企業の活動である。活動とはさまざまな
経済的機能やプロセスのことで，サプライチェーンの管理，営業部の運営，
製品開発，顧客への配送などをさす。この活動の集合をバリューチェーンと
呼ぶ。たとえば，メーカーであれば，製品の設計，生産，販売，サポート活
動からなる集合が，バリューチェーンである。バリューチェーンは，企業を
戦略的に意味のある活動に分解するツールである。ツールを使って，競争優
位の源泉，価格の引き上げ，またはコストの低下をもたらす特定の活動を見
つけることができる。

　バリューチェーン分析は，第1ステップ，業界のバリューチェーンを洗い
出す，第2ステップ，自社と業界のバリューチェーンを比較する，という2
段階で行う。

　農産物のネット販売についてバリューチェーン分析を行う。

　まず，一般的な農産物のネット販売のバリューチェーンは，**図5-1**のとお
りである。

　企画，作成・メンテナンス，受注から出荷・決済，アフターサービスから
なる。

　企画は，自社ホームページでの販売かショッピングモールサイトへの出店
か，あるいは両方か，ネット広告の実施，どの品目をアップするか，値決め
はどうするか，決済は前払いか後払いか，を検討することである。

　作成・メンテナンスは，サイトの作成・更新，コンテンツの特定，SEO対

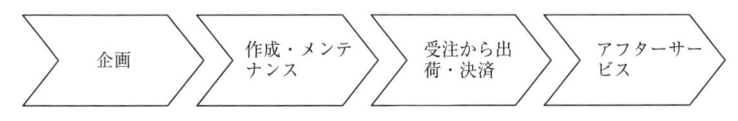

図5-1　ネット販売のバリューチェーン（図3-2の再掲）

表5-1　競争優位を生み出す活動の種類

活動	ライバルと同じ活動をより優れて行う	ライバルと異なる活動を行う
生み出される価値	同じニーズをより低いコストで満たす	異なるニーズを満たすか,同じニーズをより低いコストで満たす,またはその両方
優位性	コスト優位性,ただし維持するのが難しい	高価格か低コスト,またはその両方を維持
競争	最高を目指す競争,実行で勝負する	独自性を目指す競争,戦略で勝負する

出典：ジョアン・マグレッタ著,櫻井祐子訳（2012）『マイケル・ポーターの競争戦略』早川書房

策,情報の収集・編集・アップをどう行うかを検討することである。

　受注から出荷・決済は,顧客から注文が入った後,収穫,在庫確認,梱包・伝票作成,配送手配,入金確認をどう行うかを検討することである。

　アフターサービスは,クレーム処理,会員制度,顧客管理,顧客とのコミュニケーションのあり方を検討することである。

　次に,このバリューチェーンの項目に沿って,自らの事業の活動を書き出す。競争優位とは,企業が実行する活動の違いから生じる相対的価格または相対的コストの違いをいう。活動の違いには,他社と同じ組み合わせの活動を他社より優れて実行していること,あるいは他社と異なる活動の組み合わせを選択していること,の2種類がある（**表5-1**）。そして,前者の違いでは,よりよいものを目指すことによって,無謀な目標をたて,結果的に目標達成が困難になってしまいがちである。したがって,後者の違いを追求することが望ましい。

（3）競争戦略が満たすべき条件

　競争優位を生み出し持続させるための競争戦略が満たすべき条件とは何か。マイケル・ポーターによれば,5つの条件があるという（**表5-2**）。

表5-2　競争戦略が満たすべき条件

1．独自の価値提案	自ら選んだ顧客層に特徴ある価値を適切な価格で提供しているか。
2．特別に調整されたバリューチェーン	独自の価値提案を実現するのに最も適した一連の活動は，ライバル企業の行う活動と異なるか。
3．競合企業とは異なるトレードオフ	自社の価値を最も効率的，効果的に実現するために，やらないことをはっきり定めているか。
4．バリューチェーン全体にわたる適合性	自社が行う活動は，互いに価値を高めあっているか。
5．長期的な継続性	組織が得意なことに磨きをかけ，活動の調整，トレードオフ，適合性を促すことができる十分な安定性が，戦略の核にあるか。

出典：ジョアン・マグレッタ著，櫻井祐子訳（2012）『マイケル・ポーターの競争戦略』早川書房

1）特徴ある価値提案

　価値提案では，顧客，ニーズ，相対的価格について検討する必要がある。

　生産者・団体においては，あらかじめ栽培する農産物の品目・品種が決まっているので，それを起点として，それをどう販売しようかという発想に陥りがちである。しかしながら，ネット販売においては，加工品や他事業者の農産物をアップすること，あるいはリアル店舗や観光農園でのイベントの告知を行うことも可能である。したがって，ターゲットとする消費者像を特定したのちホームページのコンテンツを検討することによって，より明確なメッセージを消費者に伝えられる。

　顧客のセグメンテーションを行うための基準には，地理的基準，人口統計的・社会経済的基準，心理的基準，行動的基準がある。これらに基づいて，顧客層をセグメント化し，その中からターゲット顧客を選択する。心理的基準には，ライフスタイルによるセグメンテーションがあり，第2章2（2）で示されたライフスタイルに基づいて選択することも可能である。

　満足すべきニーズは，たとえば，時と場合によって異なるニーズのあるケースがある。農産物でも，自家消費の場合には，味は重視するが形はそれほど重視しないかもしれない。ギフト用の場合には，味も形も重視するかも

しれない。

　相対的価格について考察する。収集事例を見る限り，ネット販売における価格設定では，相場を参考にする，原価に基づく，直売所と同じにするなど様々な方法がとられていた。また，大手ショッピングモールサイトへの出店では，生産者・団体は，価格競争の重要性を意識していた。情報の非対称性によって，品質があいまいな状況で売買する場合，価格の安いほうが好まれるので，市場には価格の安いものがあふれていく。これに対して，ホームページによるネット販売においては，情報のリッチネスとリーチのトレードオフが緩和されるので，販売価格のバリエーションは増えるはずである。消費者が得られる価値を丁寧に説明していくことによって，生産者・団体が主導して価格を設定できるようになる。生産者・団体は，自らが満たそうとする消費者ニーズを明確にすれば，それに応じた価値提供，さらには価格設定を行うことができる。

２）特別に調整されたバリューチェーン

　特徴ある価値提案では，それを実現するのに適した一連の活動が，競合他社の行う活動と異なってこそ戦略として有効となる。競合他社と同じ活動を異なるやり方で行うか，他社と異なる活動を行うかを選択する。

　農産物のネット販売においても，ホームページの維持・更新やリニューアルを，自前で実施する，外注するなど様々な方法がある。

３）競合企業とは異なるトレードオフ

　トレードオフとは，どちらか一方を選択すると，同時に他方を選択することはできないことを意味する。トレードオフがあると，模倣しようとする他社を排除することができる。あらゆる顧客のあらゆるニーズに対応することを選択すると，どんな顧客のどんなニーズにもうまく対応することはできない。やると決めたことで成功する最良の方法は，何をやらないかを打ち出すことである。

　農産物のネット販売では，ある生産者・団体が，生食用も加工品も両方販売したいと考えがちである。あるいは，業務用にも個人用にも販売したい，自社ホームページでも販売し，大手ショッピングモールサイトでも販売したいと考えがちである。実際，収集事例においては，このような事例が多く見られた。

　しかし，二兎を追うもの一兎を得ずであり，両方とも上手くいかなくなるという。このような場合，事業部制を採用するか，別会社化するかして，独立事業として取り組むことが望ましい。ホームページも別々に開設したほうがよい。生産者・団体は，有機栽培農産物，慣行栽培農産物，あるいはこれらの規格外品を原料とする加工品のうちでどれを販売するか決めなければならない。

4) バリューチェーン全体にわたる適合性

　適合性とは，活動同士の関係に関するものである。適合性とは，ある活動の価値やコストが他の活動がどのように行われるかによって影響を受けることをいう。たとえば，リアル店舗における顧客の平均滞在時間が長くなればなるほど巨大店舗であることの価値は高まる。実際，郊外に立地した巨大なアウトレットモールが成功事例としてある。

　適合性には3つの種類がある。第1は，基本的な一貫性である。一つひとつの活動が企業の価値提案と連携して，価値提案の主要なテーマに少しずつ貢献する状態をいう。第2は，一つひとつの活動の価値が，他の活動によって高められる，相乗効果が発揮されることをいう。第3は，ある活動を行うことで，他の活動を行わずに済むようになる場合に生じる，代替性の発揮である。

　農産物のネット販売では，たとえば，おすそ分け用に農産物を多めに，またそのための包装紙を同封して納品することで，新規顧客の獲得を既存顧客にしてもらうことが可能となる。情報システムに精通した物流企業とコラボレーションして，サイトの作成・運営と農産物の出荷を同時に外注すること

ができ，生産者・団体は，栽培・加工とアフターサービスに専念することが可能となる。収集事例では，カタログ同封によるダイレクトメールの顧客をネット販売の顧客へ誘導することによって，ダイレクトメールの発送費をおさえている事例があった。あるいは，観光農園への来園者とネット販売顧客との名簿を共有し，それぞれの販売促進のために活用している事例があった。

5）継続性

　企業は誤った方法で変化しすぎる傾向があるが，戦略を実現するためには長時間を要することから，継続的に取り組む必要がある。戦略を実行する際，消費者ニーズの変化，技術の変化など環境の変化に過度に反応していてはいけない。組織は継続性を保つことで，十分な時間をかけて戦略への理解を深めることができる。企業は一つの戦略を貫くことで，自らの生み出す価値を十分に理解し，うまく実行できるようになる。

　農産物の生産に継続性が必要であることはいうまでもない。インターネットの世界はめまぐるしく変化すると思いがちであるが，技術は変化しても，そこで行われる商取引には安定性が求められる。自社ホームページでネット販売を行っている場合，数年に1回程度リニューアルすることが多い。このとき，継続性を考慮すべきである。固定客を獲得するためには，ブランド化が有効であるが，ブランドが定着するためには，長期間を要する。

　収集事例において，ホームページを開設してから10年以上を経ているものがある。10年以上の間，工夫や試行錯誤をしていた事例の中には，一定の成果が得られた事例もある一方で，期待したような成果が得られず，ホームページを放置している事例もあった。あらかじめ，継続と中止の判断基準を明確にしていない場合，途中段階で，実行中の取り組みを継続すべきか，それとも中止すべきかの判断は難しい。また，もし，維持管理のコスト負担が軽い場合，ホームページ制作・リニューアルにおける埋没コストが発生することから，成果のいかんにかかわらず施策の継続という決定がなされがちとなる。

2　収集事例へのあてはめ

第3章1で紹介した収集事例について考察する。

バリューチェーンの図に収集事例をあてはめると，**図5-2**のとおりである。

それぞれの事例ごとに，特徴ある価値提案とトレードオフ，適合性の観点から考察する。事例によっては，特徴ある価値提案とトレードオフ，適合性のいずれの観点からも特徴を見出しにくいものがあった。当該事例においては，初期段階の取り組みであるものやもともと副次的に取り組んでいるものが含まれており，今後の動向に注目していく必要がある。

A牧場：健康によい高品質な乳製品を高価格で販売している。生産団体がショッピングモールサイト運営企業1社とコラボレーションをしている。生産団体は，当該ショッピングモールサイト運営企業へ全量出荷していることから，トレードオフの状況が生まれている。また，ショッピングモールサイト運営企業の常駐社員が生産現場にいることで，適合性が発揮されている。

B社：甘みに特徴のあるトウモロコシを販売している。ネット広告やSEO対策を実施している。トレードオフ，あるいは適合性の観点から特徴は見出せない。

C氏：ブランド梨を相場価格で販売している。自家完結型のネット販売を実現している。ショッピングモールサイトへ出店しないことで，トレードオフが生まれている。少量の取扱量であり，それを1人の担当者が全体をとおして管理・調整しているので，適合性が発揮されている。

D社：コメの中級品を，市場価格をにらみながら適正価格で販売している。当該ネット販売市場では，一定の市場シェアを有している。ネット販売の専任担当が柔軟に価格変更できる体制が構築されており，適合性が発揮されている。

E社：規格外品を原料とした加工品を販売している。このため，ネット販売を副次的に位置づけており，複数の兼任担当が分担して作業している。

		企画	作成・メンテナンス	受注から出荷・決済	アフターサービス
A	生産団体とショッピングモール会社によるコラボレーション	乳製品, ショッピングモール。ショッピングモール会社が全量買い上げ。	ショッピングモール会社へ委託(駐在社員を配置)	ショッピングモール会社と共同作業(駐在社員を介して)	―
B	ホームページにおける販売促進	主力はトウモロコシの生食品・冷凍品。自社ホームページ・アマゾン。	兼任担当。ネット広告やSEO対策を実施。	ピーク時は, パートやアルバイトを雇用。決済システムは外注。	クレームへの素早い対応。メルマガ発行。
C	ブランド化に寄与するネット販売	ブランド梨。自家家ホームページ。	自身で担当。作業は夜間に行う。	家族で担当。	ホームページで軒先販売の告知。
D	価格競争に柔軟に対応するネット販売	メインはコメ。楽天市場(メイン)・自社ホームページ。	専任担当者。更新作業等は外部委託。	相場にあわせて価格変更。	ホームページで直売所イベントの告知。
E	副次的に位置づけるネット販売への取組体制	加工品。自社ホームページ。	複数の兼任担当者で分担。	社員で分担。	―
F	顧客ターゲットの明確化	サツマイモ。自社ホームページ。	兼任担当者の指示で外注先が更新。SEO対策の実施。	事務職員が発送作業。	会員登録制度あり。クレーム対策では返品してもらうことが多い。
G	差別化された品目のネット販売	有機かぶす。自社ホームページ・ヤフー。	社長が作成。メンテは外注。	注文情報はラインで現場へ送信。	会員登録制度あり。
H	リニューアルによるホームページへの集客	乳製品, 自社ホームページ。	兼任担当者が実施。更新頻度は少ない。	メールで注文受付。	―
I	ネット販売を高級品化の足がかりとする	柑橘果実。自家ホームページ。	自身で担当。	自身で担当。	フェースブックで情報発信。
J	来店客から誘導するネット販売の顧客	乳製品, 自社ホームページ。	兼任担当者(営業マン)が担当。更新頻度は少ない。	繁忙期には社員総出で対応。	―
K	DM販売とネット販売の連携	柑橘果物・加工品, 自社ホームページ。	兼任担当3名。更新は新商品が出たとき。リニューアルは外部委託。	直販業務チームあり。DM販売作業と一緒に実施。	クレームはほとんどなし。顧客管理システムを活用。
L	加工品の企画・販売に役立つネット販売	柑橘果物・加工品, 自社ホームページ。	兼任担当1~2名。リニューアルは外部委託。ショッピングページはeネコショップで作成。	兼任の荷造り担当がいる。1日1人30分程度の作業時間。	クレームはない。登録会員は30人程度。
M	特産果物・加工品をDMと連動させて販売	柑橘特産果物・加工品。自家ホームページ・楽天市場。	30~40歳代兼任担当4名。	クレジットカード決済が7割。	顧客管理システムを活用。
N	観光農園とDM販売との連携	果物・加工品。自社ホームページ。	社員全員が兼任担当。SEO対策と維持更新を外注。	発送は, DM, 観光農園の宅配と連動して行う。	クレーム年10件程度。対応責任者がスピーディに対応。
O	観光農園の活性化に結びつける	果物, 自家ホームページ。	兼任担当1名。	家族で対応。	顧客管理システムを活用。クレームが来た場合, 相手の話をじっくり聞く。
P	大量データの積極的管理・活用	果物・加工品, 自社ホームページ。	事務処理専任者4名(正社員2名, パート2名)。	宅配管理ソフトを活用。決済は外注。ピーク時は全員で対応。	顧客管理システムを活用。クレームが来た場合, 相手の話をじっくり聞く。
Q	チャレンジの場としての活用	果物, ヤフー・ポケットマルシェ。	兼任担当1名。	3~4日分の注文をまとめて出荷。	

図5-2 収集事例のバリューチェーン

注：収集事例の詳細は，第3章を参照のこと。

ホームページの管理を1人の担当にまかせるという自己完結型の体制をとらないことでトレードオフの状況が生じている。

F社：品種のバリエーションが豊富である。SEO対策を実施している。ショッピングモールサイトへ出店しないことで，トレードオフの状況が生じている。

G社：特徴的な農産物を高価格で販売している。消費者がホームページへアクセスしてくるキーワードを明確に意識しており，このキーワードに合致した農産物のみを栽培することでトレードオフの状況が生じている。

H牧場：高度に差別化された乳製品を高価格で販売している。ホームページを開設したことにあわせてネット販売も開始した。ショッピングモールサイトへ出店しないことで，トレードオフの状況が生じている。

I氏：柑橘果物の新品種を販売している。試験的にネット販売に取り組んだ。今後は，試験的ネット販売の成果を活用して，新たな取り組みに挑戦していく予定である。現段階では，ショッピングモールサイトへ出店しないことで，トレードオフの状況が生じている。

J牧場：乳製品を適正価格で販売している。ネット販売は，牧場内の施設への来訪客が後日注文してくる際，ネットでも受け付けていることで顧客サービスの向上に結びつけるという受身的な位置づけである。ショッピングモールサイトへ出店しないことで，トレードオフの状況が生じている。

K社：自然栽培，無農薬無化学肥料栽培の農産物，海産物，加工品を原価に応じた適正価格で販売している。ネームバリューがあるので，それに基づいてネット注文する顧客もいる。DMの顧客がネット注文してくることもある。ショッピングモールサイトへ出店しないことで，トレードオフの状況が生じている。

L社：柑橘果物を適正価格で販売している。現時点で販売先が決まっているので，新規顧客を増やす必要性は小さく，ネット販売に力を入れていない。ショッピングモールサイトへ出店しないことで，トレードオフの状況が生じている。

　M氏：柑橘特産果物，加工品を独自価格で販売している。自家ホームページを立ち上げてから15年以上経ち，DMとネット販売による消費者への直接販売をメインにしている。インターネットで地道に情報提供し，その蓄積でDM販売に結びつけていく手法をとっている。DM顧客とネット販売顧客を名寄せした顧客管理システムを活用することで，適合性が発揮されている。

　N社：果物，加工品を，前年度価格での売れ行きを見ながら価格設定し販売している。DMと観光農業（もぎ取り体験と直売）とネット販売が上手く調和しシナジー効果が発揮されている。自社ホームページのメンテナンス，SEO対策，決済システムをそれぞれの専門業者へ委託することで適合性が発揮されている。

　O氏：サクランボをDMでの販売価格と同じにして販売している。15年ほど前に自家ホームページをオープンした。ホームページでは，ネット販売よりももぎ取り体験の告知をすることに重きを置いてきた。ショッピングモールサイトへ出店しないことで，トレードオフの状況が生じている。

　P社：果物，規格外品を原料とした加工品を適正価格で販売している。ネット販売の専任担当が４名いること，顧客管理システムがあること，配送伝票印刷システムがあること，決済システムを外注していること，ホームページの更新を外注していることなど多量のデータを効率的に処理する仕組みがあることで適合性が発揮されている。

　Q氏：モモを特別価格で販売している。後継者が就農してから２年経過しているが，ネット販売に着手したばかりで，試行錯誤の段階である。自家ホームページでは生産物の販売はしておらず，ヤフーへ出店していることから，トレードオフの状況が生じている。

3　撤退戦略

（1）撤退の必要性

　変化の激しい時代においては，新規の取り組みを検討するだけではなく，

表5-3　撤退に関する新しい考え方

旧	新
最後まで優位性を守る	頻繁に，正式に，体系的に，優位性を捨てる
撤退は戦略的に望ましくないとみなされる	撤退から学び続けることが重視される
撤退は突然，劇的に起こる	衰退は一定の周期で起こる
客観的事実が重視される	主観的な早期警報が重視される

出典：リタ・マグレイス著，鬼澤忍訳（2014）『競争優位の終焉』日本経済新聞出版社

表5-4　6つの撤退戦略

	ネット販売への移行の失敗	ネット販売が自社の方針と一致しない	ネット販売の力が落ちている
時間的余裕あり	①整然とした移行 事業の形を新しいものへ変えていく	③ガレージセール 安定した資産を手ごろな価格で売り渡す	⑤脱出 投資を減らしつつ顧客へのサポートは充実させる
時間的余裕なし	②土壇場のロングパス 速やかに移行するための解決策を探す	④特売処分 活用できない資産を売却する	⑥最後まで残る 他と整理統合する

出典：リタ・マグレイス著，鬼澤忍訳（2014）『競争優位の終焉』日本経済新聞出版社に基づき，ネット販売事業へあてはめて作成した。

既存の取り組みを見直すことも必要となる。一般的に，成長の見通しがなくなったり，競合他社によってコモディティ化されてしまったりした場合，企業はそこから撤退する必要がある。たとえば，デジタルカメラによって写真フィルムの市場は急速に縮小したし，携帯電話はスマホにとってかわられた。このような場合，企業は撤退シナリオを検討しなければならない（**表5-3**）。

　現在，ネット販売に取り組んでいる生産者・団体の実態を見ると，上手くいっている事例ばかりではない。なかには，上手くいかず，どうしようか悩んでいるところもある。もし，撤退することを決断したら，それではどのようなことをしたらよいのであろうか。第4章1（1）で述べたように，もしかしたら，撤退し，新たな道を選んだ方がよいかもしれない。そこで，ここでは，その方法とそれにたどり着くために必要なリーダーシップのあり方を解説する[2]。

　撤退戦略は，2つの軸でとらえることができる（**表5-4**）。

　第1軸は，撤退する様相から考えるものである。この一つめは，ダイレクトメールや観光農園で購入してくれている顧客をネット購入の顧客へ移行させようとしてうまく移行させることができないこと。二つめは，ネット販売で農産物を販売することが自社の方針と合致しなくなること。三つめは，ネット販売を実行する力が落ちていること。第2軸は，撤退を実行するために容認される時間の長さである。この一つめは，時間的余裕がある場合，二つめは，時間的余裕がない場合である。

1）整然とした移行

　もし，現状で自社ホームページやショッピングモールサイトによるネット販売が上手くいってない場合，新たな媒体であるSNSなどのソーシャルメディアへ移行することを検討する。このための移行手順を顧客の要望にあわせていく。

　たとえば，SNSを活用すると，ユーザーの実数を把握できる，ユーザーの属性情報を把握できる，ユーザーの生活行動を把握できる，ユーザーへの接客が可能であるなどのメリットがあることで，その普及が拡大している。無料で使いやすいこともあって，すでに生産者・団体の多くのホームページではSNSがアップされている。消費者を自社の顧客へと誘導していくステップは，「潜在顧客→顕在顧客→顧客→上位顧客」であるが，SNSは，この流れを誘導することができる。潜在顧客にお役立ち情報を提供することによって，顕在顧客，あるいは顧客へと移行させることができる。潜在顧客が自分の抱えている問題を解決したいと考えた時，それに対して自社の商品が役に立つことを伝えられれば，顕在顧客となる。たとえば，テレビショッピングで健康食品が販売されているが，そこでは肩の痛み，疲れやすいなどの症状や野菜摂取が足りないことなどが具体的に表現されている。また，メルマガと異なり，SNSではユーザー同士が会話をすることができる。これによって，SNSへ参加しているユーザーが，他のユーザーの投稿やコメントを参考にして，新たな商品を購入する可能性もある。

　あるいは，インターネットオークションやフリマサイトを活用することも検討の余地がある。これらは，消費者同士が直接売買をする形態であるが，規格外品や加工用原材料を取引するマーケットとして活用の可能性がある。

２）土壇場のロングパス

　もし，現状で自社ホームページやショッピングモールサイトによるネット販売が上手くいっておらず，これを検討するための時間的な余裕もない場合，厳しい状況に陥る。

　ネット販売による収入が，メインの収入でない場合には，切り捨てることが選択される。もしメインの収入であった場合，ことは重大である。この場合，一般論としては，周辺の事業を捨て去ることが最善の方法である。同時に，新たな収益源を確保する必要がある。

３）ガレージセール

　ネット販売が順調に推移している場合，順調だからこそ余裕を持って将来を見据えた新規の事業展開を目指すために，ネット販売事業から撤退する。この時，順調なネット販売事業の価値を資産化して，新規事業へ振り向ける。資産化できるネット販売事業の価値としては，顧客名簿，構築したアプリ系システムなどである。問題は，将来有望な新規事業を見つけられるかどうかである。

４）特売処分

　ネット販売が順調に推移している場合，そのときに将来を見据えて新規の事業展開を目指すために，ネット販売事業から撤退する。この時，時間的な余裕がないため，その場しのぎではあるが，稼動しているホームページを含むネット販売事業を売却し，その売却益を活用して，不退転の覚悟で新規事業に取り組む。

5）脱出

インターネット革命は今後も続くので，ネット事業の市場性が縮小することは考えにくい。

たとえば，ブランド米であった「ささにしき」は，現在ではほとんど生産されなくなった。それでも，一部の消費者から依然として支持を得ている。そこで，このような歴史と伝統のある食品に関する情報をインターネットサイトで情報提供することは食文化を守る観点から大切である。

ブランド力が廃れていく農産物に対して，生産量を減らしながらでも生産を続けていくことで，プレミアムな価格を設定することが可能である。

6）最後まで残る

インターネット革命は今後も続くので，ネット事業の市場性が縮小することは考えにくい。

ただし，一時的なブームであった食品が，そのブームが終わるとともに，急激に市場が縮小することがある。ほとんど需要がなくなった場合でも，売り上げ度外視で，最後のサプライヤーとして残る選択肢がある。この場合，競争相手がいないので，安心して事業を行うことができる。たとえば，地域に古くからある特産の農産物の生産を続けるため，クラウドファンディングのような資金収集の呼び掛けをインターネットサイトで行うことも可能である。

（2）リーダーシップの発揮

変化の激しい時代には，リーダーは，新規の事業や撤退する事業の選別をスピーディに決断しなければならない。競争優位が長続きしない時代においては，リーダーシップのあり方は，従来とは異なるスキームを持つ（**表5-5**）。

新規事業の開始と既存事業の撤退を比べると，後者のほうが決断することは難しい。なぜなら，この場合，経費の節減やリストラを伴うかもしれない

表5-5 リーダーシップの新たなスキーム

旧	新
既存の優位性は持続するという想定	既存の優位性は圧力にさらされるという想定
既存の見方を強化する会話	現状を素直に問う会話
比較的少数の同質な人々が戦略策定プロセスにかかわる	幅広い関係者が戦略策定プロセスにかかわり，多様な視点を提供する
正確だが遅い	正確さはそこそこだが迅速
予測志向	仮説志向
正味現在価値（NPV）志向	オプション志向
確証を探す	反証を探す
社内で最適化に注力する	外部の世界に積極的に注力する
問題解決に人材を使う	チャンスを見つけとらえるために人材を使う
既定路線を延長する	継続的な変化を促す
既定路線の衰退を甘受する	立ち直りが早い

出典：リタ・マグレイス著，鬼澤忍訳（2014）『競争優位の終焉』日本経済新聞出版社

からである。そもそも，リーダーは，後ろ向きの決断を促すような情報を入手したがらないし，周囲もリーダーにこのような情報を提供しようとしないからである。

　収集事例を見る限りではあるが，生産者・団体においては，大規模企業と比べると，トップダウン型組織が多いようである。したがって，多くの生産者・団体において，意思決定のスピードは，リーダーの姿勢にかかっているといえる。リーダーは，変化の動きを見極め，必要に応じて変革の方向を決め実現していくことを先導する。もし，トップダウン型でない場合，トップは，内部，あるいは外部のしかるべき者に権限を与え，そこで検討した結果を自分へフィードバックしてもらうことが有効である。

注

1）ジョアン・マグレッタ著，櫻井祐子訳（2012）『マイケル・ポーターの競争戦略』早川書房を参考にした。
2）リタ・マグレイス著，鬼澤忍訳（2014）『競争優位の終焉』日本経済新聞出版社を参考にした。

第**6**章

競争戦略の例示

　生産者・団体は，自らの条件を踏まえて競争戦略を策定していく必要がある。ここでは，ネット販売への取り組みを検討する際の材料を提供するので，生産者・団体は自らの特徴や意向を加味して，より詳細かつ具体的なネット販売戦略を構築していただきたい。

　以下では，検討材料として，特徴ある価値提案と調整されたバリューチェーンを簡潔に例示する。くどいようだが，あくまで例示であるので，各生産者・団体は，自らの特徴や意向を入れ込む必要がある。

1　特徴ある価値提案の例示

（1）戦略的思考の必要性

　まず，ネット販売に取り組んでいるが，うまくいっていない事例を見てみよう。

〈食品加工会社の例〉

　食品加工会社を経営しているX氏は，ブドウ栽培農家でもある。加工品は，ブドウジャムや原料仕入れによるモモジャムなどである。ジャムの原材料は，規格外品であり，地元の農家から仕入れることもある。加工の形態は，委託加工である。工場は，地域に数多くあり，かつ稼働率はあまり高くないので，いつでも加工委託できる状況にある。

　主な販売チャネルは，都心のマルシェなどでの直接販売である。ジャムについては，年間2万本販売しているが，販売目標は安定経営が可能となる10万本である。

　ネット販売では，新規顧客の開拓を意図してアマゾンに2年前出店した。楽天市場やヤフーと比べて経費面や手続き面で取り組みやすかったからである。販売品は，ブドウやジャムである。ブドウは1箱3,000円（4房入り）で販売した。7月下旬から8月中旬まで，他の産地より早い時期に販売することで3〜5万円程度の売上があった。ネット購入し慣れている顧客からの注文が多く，旬の時期になると価格競争になって売れ行きが落ちた。自社ホームページでは，ブドウ，モモ，ジャム，ワインを販売しているが，実態としてほとんど売れていない。モモについては，卸売会社や小規模商店から問い合わせが来て商談することもあったが，最終的に条件がおりあわなかった。X氏は今後マルシェでの直接販売に注力する方針である。

　マルシェではそこそこ売れるが，ネット販売では売れない。すなわち，マルシェでは，競合する商品は少ないが，ショッピングモールサイト上では競合する商品が多く，価格優位性や価格柔軟性がないため，苦戦した。マルシェにおける商品の特殊性とネット販売における商品の特殊性には，異なる視点が存在する。小規模事業者が，ネット販売における競争で勝ち抜くためには，より明確な商品の特殊性やホームページとの親和性が求められる。

〈無農薬栽培農産物の販売の例〉

　サツマイモ，玉ねぎ，小豆を栽培しているW法人は，加工と販売も行っている。売上の中心は，無農薬栽培農産物の実需者への販売である。栽培では，無農薬栽培，加工では保存料無添加加工を行っている。ただし，現時点でブランドが確立しているとはいいがたい。加工では，芋けんぴ，コロッケ，芋プリン等を一部自前加工しているが，ほとんどは委託加工している。体験ツアーを企画・運営している。これによって，顧客を獲得するとともに，定植と収穫をやってもらうことで生産原価を下げるようにしている。今後，自社加工場の一部をカフェとし，同時にお土産品を売ることで，消費者との接点を増やすことを予定している。

　現在，ネット販売は，自社ホームページ内のショッピングページで行って

いる。当初はそれなりに売れるだろうと見込んでいたが，ほとんど問い合わせがない状況である。そこで，リニューアルを行ったが，成果がでていない。これはブランドが確立していないからだと考えている。それでも，今後はネット販売に力を入れていきたいと考えている。

　上記の食品加工会社の例におけるブドウやジャムのネット販売では，特徴ある価値提案の訴求力が弱かった。また，無農薬栽培で特徴づけた農産物のネット販売では，期待どおりのアクセスを得られず，売上増に結びつかなかった。この背景には，リスク管理の脆弱性，人材や企業ネットワークの不足があったと推測される。X氏やW法人が新しいことに果敢に挑戦したことは評価できる。一歩進んで，新しい取り組みを成功に導くためには，戦略的思考を踏まえること，すなわち競争戦略を構築することが必要である。

　以下では，農産物のネット販売の競争戦略をいくつか提案していく。4つの類型，大規模変革型，小規模変革型，小規模安定型，大規模安定型に分けて，競争戦略として，価値提案とバリューチェーンにおける選択について，想定される取り組みパターンを提案する。

（2）特徴ある価値提案の例示

1）ターゲット顧客

　どの顧客を対象とするのか決める。ネット販売でターゲットとする顧客のイメージを明確にしている事例は，収集事例において，決して多数派であるとはいえなかった。消費者起点の農業改革がいわれ始めてから相当程度の年月が過ぎているが，顧客のイメージを明確にするに際してのハードルは高いようである。市場流通における流通業者を介した販売では，生産者・団体は消費者と直接対峙する必要がないので，当然のことかもしれない。近年では，直売所や道の駅での直販や加工事業，観光農業，体験農業への取り組みによって，生産者・団体は，消費者ニーズへの対応を意識するようになっている。ネット販売に取り組むことは，消費者と直接対峙することにつながるの

で,「買ってくれる消費者であればだれでもいい」という意識は払拭されなければならない。なぜなら,このような意識では,多様化する消費者に対して自らの生産物のよさを説明できないからである。すなわちホームページで何をアピールすべきかわからず,魅力的な情報発信ができない。ホームページのアピールポイントでは,自らの栽培方法,販売品の安全性,適切な栽培工程管理,おいしさを強調していることがうかがわれたが,加えて消費者との接点も意識する必要がある。生産過程の説明や自己紹介だけでは,消費者にアピールすることはできない。生産者・団体は,消費者にどのような価値を提供するのか説明し,それを理解し納得してもらう必要がある。

　生産者・団体がターゲットとすべき消費者像を,第2章2（2）で検討したライフスタイルに基づいて想定する。生産者・団体がターゲットとすべきひとつめの消費者層は,該当する消費者数が相対的に少ないナイーブ層である。この層の特徴は,他のライフスタイル層と比べて野菜購入のお店を慎重に選ぶ傾向があることである。生産者・団体は,地域特有の特徴ある農産物をネット販売することで,消費者に対して,歴史・伝統・文化も含めた地域農産物価値を提供する。

　あるいは,アチーブ層をターゲットにすることも考えられる。この層の特徴は,食ライフスタイルで「健康や食品の安全性,環境問題に関心がある」傾向が強いことである。また,この層は,野菜購入におけるお店の選択基準として「野菜の品質が優れていること」を強く意識している。すなわち,当該層は,食品の安全や食の安心に興味を持っており,農産物の品質を重視している。生産者・団体は,農産物の栽培方法,収穫後の温度管理や衛生管理などについて情報提供することや多重なクレーム対応体制を整備することで,消費者に対して,品質の維持に配慮した食の安心価値を提供する。

2）価値提案

　ライフスタイルに基づいてターゲットとすべき消費者像を明確にしたが,次の段階として,生産者・団体の類型別に顧客とニーズを,より個別具体的

に想定する必要がある。農産物をどのような人に食べてもらいたいかを明確にする。顧客を狭い範囲に絞りすぎているように感じるかもしれないが，インターネットを閲覧している消費者は，幅広く全国に存在するのである。

●大規模変革型

顧客とニーズ。

1-①日々の食事に気をつかっている／健康増進に寄与する食事をしたい

1-②多くの人にギフトを送っている／ブランドの確立した農産物が欲しい

1-③倹約した食生活を送っている／安価な農産物を入手したい

1-④料理することが好きである／新しいレシピに挑戦したい

1-⑤育ち盛りの子供がいる／栄養価の高い食材が欲しい

1-⑥毎日のメニューを考えるのが面倒である／定期的にバラエティのある食材があったらいい

1-⑦日曜日は内食している／手のこんだ調理をしたい

●小規模変革型

顧客とニーズ。

2-①自宅でたまに贅沢な食事をする／旬のもの，気に入ったものを探したい

2-②身内にギフトを送っている／珍しいもの，自慢できるものが欲しい

2-③外食がメインでたまに自宅で食事する／珍しいものを食べたい

2-④1人暮らしなのでメニューを考えるのが面倒である／栄養バランスがとれているかどうか心配

●小規模安定型

顧客とニーズ。

3-①食の安全性に気を配っている／有機農産物が欲しい

3-②身内にギフトを送っている／珍しいもの，おいしいものが欲しい

●大規模安定型

顧客とニーズ。

4－①日々の食事をおろそかにしがちである／半調理品，中食品が欲しい

4－②規則正しい食生活を送っている／定期的に食材を送って欲しい

4－③多くの人にギフトを送っている／ブランドものが欲しい

4－④大家族のため食事作りが大変である／半調理品，中食品が欲しい

4－⑤昔ながらの食事をしている／伝統的な料理の食材が欲しい

4－⑥昼食で手作り弁当を食べている／弁当にあった食材が欲しい

4－⑦ピクニックでは手作り弁当を食べている／豪華弁当にあった食材が欲しい

2　調整されたバリューチェーンの例示

　1（2）2）で示した特徴ある価値提案の例示別に，調整されたバリューチェーンを想定してみる。具体的には，ネット販売のバリューチェーンである，企画，作成・メンテナンス，受注から出荷・決済，アフターサービスごとの活動内容を特定することとなる。

　これらの活動内容は，トレードオフと適合性を意識して検討されなければならない。収集事例を見る限り，大規模変革型では，適合性，それ以外の3類型では，トレードオフを意識したバリューチェーンを構築することが望ましいといえる（**図6-1**）。

　以下に，顧客とニーズに対応して，バリューチェーンを例示するが，各生産者・団体にあっては，品目特性，品種特性，産地特性などを入れ込むことによって，さらに独自性が増すと考えられる。

　ある特定のターゲット顧客が最適であると，自信を持って想定することは困難かもしれない。その場合，コスト負担が最も軽いバリューチェーンを選択し，仮説としてターゲット顧客を明確にしてトライする。うまくいった場

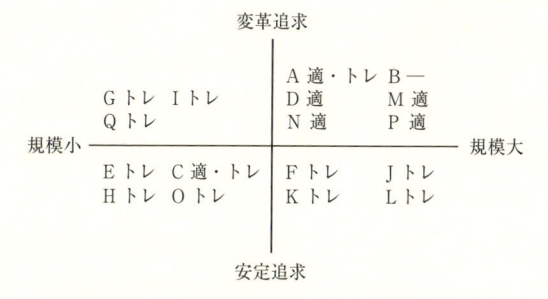

図6-1　収集事例における適合性とトレードオフ

注：1）アルファベットは，第3章で紹介した収集事例に対応する。
　　2）「適」は適合性，「トレ」はトレードオフを表す。

合はそれを継続する。うまくいかなかった場合，ターゲット顧客を修正して再チャレンジする。これを繰り返すことで，自らの特性にあった競争戦略にたどり着くことができる。

１－①日々の食事に気をつかっている

　企画：複数の健康関連ショッピングモールサイトへ出店。加工食品の販売。定期契約（定期配達）とする。健康診断情報提供会社とコラボ。

　作成・メンテナンス：栄養成分の表示。食べ方情報の提供。

　受注から出荷・決済：定期契約による定期配送。

　アフターサービス：個別に健康情報の提供。食事後の感想取得。

１－②多くの人にギフトを送っている

　企画：大手ショッピングモールサイトへ出店。カタログギフト会社や生活雑誌出版社とコラボ。

　作成・メンテナンス：商品の特徴の表示。

　受注から出荷・決済：顧客ごとの送り先管理。上顧客に対して一括後払い制度の創設。ギフトラッピング企業とコラボ。

　アフターサービス：個別にギフトシーズンのお知らせ告知。ギフトとして

送った先からの評判情報の入手。

1－③倹約した食生活を送っている

企画：大手ショッピングモールサイトへ出店。規格外品の販売。

作成・メンテナンス：価格を柔軟に頻繁に変更する。

受注から出荷・決済：梱包サイズを柔軟に変えることができる。

アフターサービス：顧客個別にセールイベントのお知らせ。

1－④料理することが好きである

企画：レシピ情報関連ショッピングモールサイトへ出店。加工食品の販売。クッキングスクールや食品メーカーとコラボ。

作成・メンテナンス：メニューの提案。話題となっているレシピ情報の提供。鮮度情報の提供。

受注から出荷・決済：定期契約による定期配送。

アフターサービス：料理専門家からのアドバイスサービス。

1－⑤育ち盛りの子供がいる

企画：複数のキッズ関連ショッピングモールサイトへ出店。定期契約とする。

作成・メンテナンス：栄養成分の表示。運動に適した食事情報の提供。アレルギーのある子供向けの食材の提供。食べず嫌いの解消法を伝授。

受注から出荷・決済：定期契約による定期配送。

アフターサービス：子供の成長に合わせた食材情報の提供。SNSの活用。

1－⑥毎日のメニューを考えるのが面倒である

企画：自社ホームページで販売。半調理済み食品の販売。定期契約とする。

作成・メンテナンス：メニューキャンペーンの実施。

受注から出荷・決済：定期契約による定期配送。

アフターサービス：個別の食事メニューの管理。

1-⑦日曜日は内食している

企画：自社ホームページで販売。定期契約とする。生鮮品を販売するネット販売業者でグループを作る。ケータリング会社とコラボ。

作成・メンテナンス：外注。

受注から出荷・決済：外注。

アフターサービス：料理専門家からのアドバイスを受けられる。

2-①自宅でたまに贅沢な食事をする

企画：自社ホームページで販売。旬を意識した生鮮品。ネット広告の実施。会員制とする。

作成・メンテナンス：会員ごとに出荷情報の事前告知。

受注から出荷・決済：収穫後すみやかに発送。

アフターサービス：予約情報の受付。食事後の感想情報の取得。

2-②身内にギフトを送っている

企画：自社ホームページで販売。ブランド生鮮品。ネット広告の実施。

作成・メンテナンス：外注。

受注から出荷・決済：顧客ごとの送り先管理。

アフターサービス：予約情報の受付。

2-③外食がメインでたまに自宅で食事する

企画：外食予約サイトで販売。調理済み加工品のセット。

作成・メンテナンス：商品の特徴の表示。

受注から出荷・決済：休日午前着で発送。

アフターサービス：外食で使えるクーポンをサービス。

2－④1人暮らしなのでメニューを考えるのが面倒である

　企画：自社ホームページで販売。半調理済み食品の販売。定期契約とする。ネット広告の実施。

　作成・メンテナンス：家庭の味情報を提供。

　受注から出荷・決済：定期契約による少量の指定日配送。

　アフターサービス：個別の栄養バランスの管理。使わずに余った分は回収するサービスを提供。

3－①食の安全性に気を配っている

　企画：自社ホームページで販売。ネット広告やSEO対策。

　作成・メンテナンス：検索キーワードへの配慮。有機JAS認証の表示。自宅での保存方法に関する情報の提供。

　受注から出荷・決済：収穫後すみやかに配送。

　アフターサービス：会員制度の創設。

3－②身内にギフトを送っている

　企画：自社ホームページで販売。生食品。

　作成・メンテナンス：収穫した農産物の特徴の表示。ブランド情報の提供。

　受注から出荷・決済：顧客ごとの送り先管理。

　アフターサービス：おすそ分けキャンペーン。新規の顧客を紹介してもらったら，特別サービスを提供。

4－①日々の食事をおろそかにしがちである

　企画：自社ホームページで販売。半調理済み食品の販売。定期契約。ネット広告の実施。

　作成・メンテナンス：外注。スマホ対応。

　受注から出荷・決済：定期的にバラエティ性をもったセット品を送る。

　アフターサービス：簡単レシピ情報を提供。調理で使わずに余ってしまっ

た分は回収するサービスを提供。

4 −②規則正しい食生活を送っている

企画：自社ホームページで販売。生鮮品（規格外品も含む）の販売。定期契約。

作成・メンテナンス：検索キーワードへの配慮。

受注から出荷・決済：定期的にバラエティ性をもったセット品を送る。

アフターサービス：個別に実績と予定情報を提供。

4 −③多くの人にギフトを送っている

企画：大手ショッピングモールサイトへ出店。

作成・メンテナンス：商品の特徴の表示。

受注から出荷・決済：一括後払い制度の創設。

アフターサービス：ギフトシーズンのお知らせを同封。1年間のルーティンが決まっているのであれば，1週間前に自動送付のお知らせ。

4 −④大家族のため食事作りが大変である

企画：大手ショッピングモールサイトへ出店。半調理品の定期発送。

作成・メンテナンス：メニューのバラエティさを強調表示。世帯構成員の特徴に合わせたメニュー情報。半調理品の料理方法。

受注から出荷・決済：多頻度配送。

アフターサービス：世帯構成員の変化に合わせて柔軟に変更する。

4 −⑤昔ながらの食事をしている

企画：自社ホームページで販売。大手ショッピングモールサイトへ出店。

作成・メンテナンス：外注。

受注から出荷・決済：外注。

アフターサービス：各家庭の伝統的料理のレシピ集を家族で共有できるよ

うデータベース化する。昔ながらの食事に関する歴史の解説。

4－⑥昼食で手作り弁当を食べている

　企画：自社ホームページで販売。食材セット情報の提供。使い捨て弁当箱も付属する。生鮮品のネット販売事業者でグループを作る。

　作成・メンテナンス：外注。

　受注から出荷・決済：外注。

　アフターサービス：弁当のレシピ集。

4－⑦ピクニックで手作り弁当を食べている

　企画：自社ホームページで販売。食材セット情報の提供。ピクニック用弁当箱も付属する。生鮮品のネット販売事業者でグループを作る。

　作成・メンテナンス：外注。

　受注から出荷・決済：外注。

　アフターサービス：行き先別弁当のレシピ集。ピクニック先情報の提供。

第**7**章

ネット販売への取り組みに向けて

　生産者・団体にとって，それまで取り組んだことのないインターネット活用にチャレンジすることは，技術的にもハードルの高いものである。しかしながら，ステップバイステップで取り組めば，スムーズに進捗する。

　このステップとは，全体戦略の策定，これを踏まえた競争戦略の策定である。本章では，全体戦略の策定，販売サイトの選択，ホームページをオープンし稼動させるまでの手順を解説する。

　また，よりよいネット販売を実現していくため，ネット販売マネジメントのチェックポイントを提示する。

1　全体戦略

（1）全体戦略の必要性と位置づけ

　生産者・団体において，家族経営であろうが，企業経営であろうが，自身の全体戦略を明確にすることは重要である。

　なぜなら，持続可能な農産物生産体制を構築していくためには，人材育成が必要であり，このための一つの方法として，将来を見通すビジョンを持ったうえで，これに沿った人材育成関連投資を行うことが求められるからである。実際，収集事例においては，人材育成に対する高い意識がうかがわれた。また，作業従事者が身内だけ，あるいは自分ひとりであって自給自足的な考えを持っているのであれば，自分の心の中に全体戦略をもっていればよいかもしれない。しかしながら，もし，法人化している，あるいは事業パートナーがいるならば，他のメンバーと協力関係を構築・維持するためにも，事業に関する自分の考え・姿勢，すなわち全体戦略を整理し表明できるように

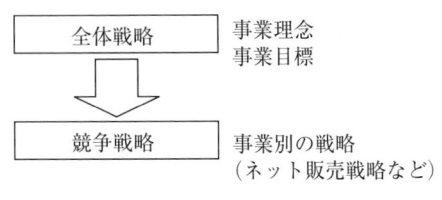

図7-1　全体戦略と競争戦略

| 全体戦略 | 事業理念
事業目標 |
| 競争戦略 | 事業別の戦略
（ネット販売戦略など） |

しておく必要がある。

　さらに，ホームページを開設した場合，トップページで消費者へ伝えるべきことの一つは，自身の全体戦略である。自身の自己紹介に加えて，何を目指しているのかについて語りかける。収集事例のホームページのトップページを見ると，自己紹介や農産物の紹介，栽培での工夫や特徴に関する記述はあるが，自身が何を目指しているのかについて記述しているものは少ない。しかし，リーダーの方々に実際にお話をうかがうと，自身の信念，方針，目標を明確に持っていることが分かった。消費者のサイト選択基準の一つとして，事業者の信頼性があげられていたが，これは消費者が農産物の品質を判断しにくいので，事業者の信頼性を援用して判断しているからとも考えられる。信頼を得るための第一ステップは，事業者自身が目指しているものに賛同してもらうことである。自身が目指しているものに賛同する消費者が顧客となっていくのである。

　第5章，第6章で解説した競争戦略は，全体戦略を踏まえて作成される。まず全体戦略があり，これに基づいて，ネット販売等個別事業の競争戦略が作られる（**図7-1**）。

（2）全体戦略の作成

　一般的に，全体戦略は，事業理念と事業目標からなる。

　生産者・団体の事業理念は，代表者（オーナー）の思いを表す普遍的理念的な内容であり，取り組みの原点ともいえるものである。その例は，次のとおりである。

　「地域とともに歩み，地域とともに発展する」

　「○○農産物の普及を目指す」

　「代々受け継がれてきた栽培方法を守る」

「○○農産物を地域ブランドとして定着させる」
「○○農産物を世界に通用するブランドへ育てる」

　事業理念に基づいて，事業目標を作成する。事業目標を作成するための代表的な分析手法としてSWOT分析があるが，その概要は次のとおりである。

　まず，外部環境の「機会」「脅威」，内部環境の「強み」「弱み」を明らかにする。外部環境は，政治的環境，経済的環境，社会的環境，技術的環境の観点から把握する。内部環境は，自身が有するものであり，人材，施設や設備，資金調達や資金運用，スキルやノウハウ等の観点から把握する。

　「機会」は，事業にとって発展や成長の機会となるプラス要因である。たとえば，健康市場やコスメ市場の拡大，スマホの普及，国産志向の固定化，食品の安全性意識や生鮮品の鮮度意識の向上，農産物の輸出に関する助成の充実，などである。

　「脅威」は，事業にとって発展や成長の妨げ，足かせとなるマイナス要因である。販売価格の下落，人口減少や高齢化，過疎化の進行による需要の縮小と人手不足の深刻化，ネット販売における競合相手の増加，既存顧客の高齢化，グローバル化による輸入農産物の増加，耕作放棄地の増加に伴う作物被害の深刻化，などである。

　同一の環境や条件が，ある事業者にとっては機会となるが，別の事業者にとっては脅威となることがある。たとえば，デフレ経済が長く続くことは，より安価なコモディティ商品を販売している事業者にとっては機会となるが，高級品を販売している事業者にとっては脅威となる。高齢化が進行することは，低カロリー食品を販売している事業者にとっては機会となるが，高カロリー食品を販売している事業者にとっては脅威となる。

　「強み」は，自身が有するものであり，他と比べて競争力を持ち，利益をもたらす要因，ノウハウ，資源等である。たとえば，甘味のある農産物を栽培する技術を持っている，加工品のアイデアを生み出す人材が豊富，加工に関する特殊技術を持っていること，地域ブランドや栽培農産物ブランドが確

立していること，有機JAS認証など第3者機関による認証を受けていること，大会やイベントで表彰されていること，大都市圏の近郊に位置していること，昔からの固定客がいること，などである。

「弱み」は，コストの増加の要因等で，事業を弱体化させ，失敗ならしめる要因である。たとえば，パートやアルバイトの人件費の上昇，作業従事者の高齢化，販売取引先からの値下げ圧力の強化，ネット技術の発展スピードが速すぎて追いつけないこと，などである。

次に，書き出した内容を参照しながら，「機会」を活かして「脅威」を克服する，「強み」を活かして「弱み」を克服する，「機会」と「強み」を連携させシナジー効果を発揮させる，「脅威」と「弱み」が重ならないようにする，などの方針のもとで，事業目標を策定する。事業目標は，施策的な内容となり，たとえば，次のような内容が複数採用される。

「ネット販売による新規顧客の獲得」

「新しい加工品を早期に開発し販売する」

「海外への輸出販売量を拡大する」

「地域ブランドの定着を図る」

「消費者との直接的な交流を拡大させる」

「観光農園への来園者を増やす」

事業目標は，生産・加工・販売・観光・体験など事業全体に関するものである。事業目標に沿って，各事業の戦略がたてられる。もし，インターネット部門があるのであれば，ネット販売への取り組みの強化，顧客関係管理の強化，顧客への告知機能の強化など，インターネットの活用が有効に機能する内容を検討することとなる。もし，インターネット部門がないのであれば，当該部門を設立する，あるいは担当を明確にする必要性を検討するところから始める。

2　販売するサイトの選択

（1）サイトの特徴を踏まえる

　今後，インターネットが社会に浸透していくことは論を待たない。生産者・団体にとって，もし，消費者への直接販売を拡大しようとするならば，ネット販売の普及は大きなチャンスである。これを活かそうとする意思・意欲のある生産者・団体がネット販売へ主体的に取り組む際，何をどこのサイトで販売したらよいかについては，生産者・団体個々の特性を踏まえて決める必要がある。

　バリューチェーン分析で述べたとおり，自社ホームページとショッピングモールサイトの両方でネット販売することは，トレードオフの観点から望ましいとはいいがたい。両方で販売すれば，売上は増加するだろうが，コストも増加するので，利益から見て必ずしもプラスに作用するとは限らない。したがって，もし両方のサイトでネット販売をしようとするのであれば，アップする商品の種類を別々にする，売り方を別々にするなどの工夫が必要である。

　販売サイトとして，ショッピングモールサイトに出店する場合，出店先サイトの制約条件の範囲内で，コンテンツをアップしていくこととなる。すなわち，自らの裁量の余地は小さい。また，大手ショッピングモールサイトでは，価格に敏感な消費者が多いアマゾンやヤフー，食品の特性を強調でき価格以外の要素も重視する消費者がいる楽天市場といったように，サイト利用者の特徴が異なることに留意が必要である。アマゾンやヤフーに出店する場合，価格競争に巻き込まれることをあらかじめ理解しておく必要がある。今後の動向しだいではあるが，ショッピングモールサイトにこだわらず，クックパッドやフリマサイトのようなサービス提供サイトとのコラボレーションにも注目すべきである。

　一方，販売サイトとして，自社ホームページを作成・活用する場合，自ら

の裁量の余地が大きい分だけ，検討すべきことがらも多くなる。また，ネット販売に取り組むためには，ホームページやショッピングモールサイト等の販売サイトやそれを管理運営する担当，あるいは注文に基づいて梱包や発送を行う担当が必要となる。多くの場合，生産者・団体にとって前者の活動のほうが，後者の活動よりスムーズに遂行するためのハードルは高い。

　今後を見据えると，SNSをはじめとしたソーシャルメディアの普及が進展していくことにも留意する必要がある。また，生食品と加工品別，自社ホームページ販売とショッピングモールサイトへの出店別に，売上とコストの面から定量的な分析を行う必要がある。

（2）生食品をメインとしてネット販売する

　生食品をメインとしてネット販売する場合，収集事例を見ると，販売サイトとして自社ホームページのみとしている場合が多い。自社ホームページのみで販売するのであれば，ブログなど専門知識をそれほど必要とせず自前でホームページを作成することも可能である。また，バリューチェーン分析におけるトレードオフの観点から望ましいといえる。

　生食品をネット販売する場合，自社ホームページで鮮度や栽培方法，限られた収穫時期を強調することができる。課題は，自社ホームページへのアクセスをいかにして増やすかである。消費者は，ポータルサイトでキーワード検索を行う場合が多いので，この検索結果で上位にランキングされることが重要となる。消費者は，検索において，固有の生産者名や団体名を知る機会は少ないのでこれらを入力することはまれで，一般名詞を入力することが多い。したがって，アクセス向上対策として，SEO対策やネット広告を行うこと，あるいは，DMや直売所，観光農園と連携させることが必要である。前者については，相応のコスト負担が発生するが，それに対応できれば有効な対策である。後者については，収集事例にもあったように，顧客管理システムを導入することによって，ネット販売する場合とDM販売等する場合とで，顧客名簿を共有することによる相乗効果の発揮を期待できる。

　ある程度，自社ホームページでのネット販売の売上が達成された時点で，ショッピングモールサイトへの出店を検討することとなる。ここでは，慎重な判断が必要である。なぜなら，ショッピングモールサイトへ出店すると，手数料等のコスト負担に加えて，自社内の担当がショッピングモールサイト運営企業と連絡・調整等の業務を行う作業が付加されるからである。人材が限られている生産者・団体にとっては，大きな課題となる。したがって，ショッピングモールサイト運営企業が，どのような連絡・調整業務を必要としているかについて，また社内のサイト担当に対する新たな負荷の増大について，あらかじめ確認しておく必要がある。

　初期時点で，生食品を自社ホームページではなく，ショッピングモールサイトでネット販売することも考えられる。この場合，その価格や販売時期等に他社と差別化できる優位性のあることが条件となる。

（3）生食品と加工品をネット販売する

　生食品と加工品をネット販売する場合，収集事例を見ると，販売サイトとして自社ホームページのみとしている場合が多い。これは，商品のラインナップが増えるので，また通年販売が可能となるので，消費者が自社ホームページへアクセスする機会も増えるだろうと期待していることを反映していると考えられる。また，バリューチェーン分析におけるトレードオフの観点から望ましいといえる。

　自社ホームページとショッピングモールサイトの両方に出店するのであれば，バリューチェーン分析におけるトレードオフの確保の観点から，2つの媒体で販売する農産物の種類を異なるものとすることが有効である。一つの方策として，価格競争が激しいショッピングモールサイトでは普及品をメインとして販売することが有効かもしれない。ただし，普及品の販売は，生産者・団体が取り組むよりも，中間業者が取り組むことのほうが優位性はある。なぜなら，中間業者は多種のカテゴリーを扱うので，ある程度品質の違いを価格へ反映できるからである。また，生産者・団体が中間業者に販売するこ

とは，売れ残りリスクを軽減することにつながるので，生産者・団体にとって望ましいと考えるからである。

　時間的な余裕があるのであれば，生食品と加工品の統一ブランド化を意識したネット販売への取り組みが有効である。ブランドが構築されていない段階でショッピングモールサイトへ出店した場合，カテゴリー別の価格競争によって，特色ある農産物や加工品を販売している生産者・団体にとって必ずしも有利になるとは限らない。なぜなら，品質の特徴による差別化が，画一的な条件によるランキングでは反映されにくいからである。生食品と加工品を統一してブランド化を図り，一定のブランド定着を達成した段階で，ショッピングモールサイトへ出店することが有効である。

3　ホームページ作成の取り組み手順

（1）段階的な取り組み

　自社ホームページで販売するのか，ショッピングモールサイトに出店するのか，あるいは両方実施するのかについて決定した後，自社ホームページ，あるいはショッピングモールサイトのコンテンツづくりに着手する。

　収集事例を見ると，ネット販売で自社ホームページを活用している場合がほとんどである。また，ショッピングモールサイトに出店する場合には，それぞれの運営企業が定めた商品アップの方法や規則に従わざるをえない。そこで，以下では，生産者・団体が，自身のホームページを作成し稼動させるまでの手順を解説する。作成するホームページを魅力的なものにすること，および作成作業の手戻りがないようにすることがポイントである。

　図7-2は，自社ホームページをオープンする，あるいはリニューアルし稼動させるための手順を示したものである。

　収集事例を見ると，ホームページの作成は，サイト制作企業へ委託している場合が多い。手順は①から⑥まであるが，いずれをサイト制作企業へ委託すべきであろうか。自社内にサイト制作に詳しい人材がいるのであれば，す

べてを自前で行うことは可能であるが，これは稀であろう。かといって，すべてを丸投げすれば，一般的な特徴のないホームページが作成されることとなり，現場と乖離した内容になってしまう可能性が大きくなる。多くの場合，自社内に責任者を配置し，サイト制作企業と連絡・調整しながらサイト制作を進めていく。この場合，①〜②では自社内の責任者が主導し，③〜⑤ではサイト制作企業が主導し，⑥では，ケースバイケースでの主導体制となる。

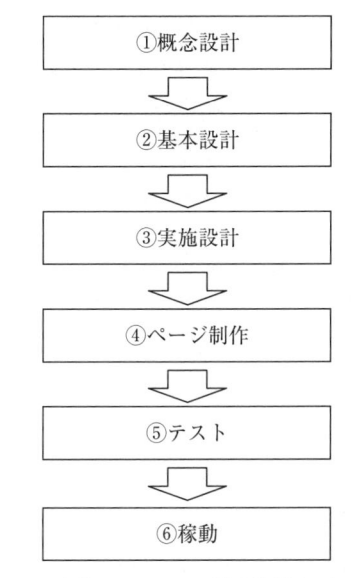

図7-2　自社ホームページの稼動までの手順

（2）取り組みの内容

①概念設計

　生産者・団体の生産・加工・販売・観光・交流・体験等に対する全体取り組み方針を確認する。この確認の後，その達成手段として，どのようなインターネット活用が望ましいかを検討・決定する。具体的には，自社ホームページを活用して，どのようなことを実現・達成したいのか，を決める。たとえば，収入の増大，コストの削減，顧客との関係維持，自分の思いを伝える，地域について情報発信する，などである。

　自社ホームページをだれに見てもらいたいのか，を決める。たとえば，訴求する相手は，個人消費者か事業者か，女性か男性か，高齢者層か若年者層か，地域在住者か遠隔在住者か，などである。あるいは，ライフスタイルや食ライフスタイルを参考にして決めることも有効である。

　生産者・団体の生産規模が大きい場合には，団体内で横断的なチームを編成して概念設計案を検討することが有効である。この場合，検討結果を踏まえて，最終的には代表者（オーナー）が決める。

　自社ホームページをリニューアルする場合には，その理由として，「なんとなく古くなったので，リニューアルしたい」ということのないようにする。収集事例において，リニューアルしたが，アクセス状況がそれ以前と比べてあまり変化しなかったという例があった。当該事例では，リニューアルの目的の中に概念設計の見直しが入れ込まれていなかったのではないだろうか。画面を見やすくする，ページ構成を変える，表現や言葉をわかりやすくする，というリニューアルでは，目的があいまいであり，効果もあいまいになる。

②基本設計

　概念設計に基づいて，自社ホームページが持つべき機能・役割を決める。たとえば，最新情報の公開，ショッピング機能，パートやアルバイトの募集，イベント開催情報の公開，栽培計画や栽培方法の公開，観光農園のオープン情報の公開，などである。

　この段階では，自社ホームページの実施設計，ページ制作，テストに充当できる予算規模の制約を意識せざるをえない。多くの機能を具備しようとすれば，それだけ必要な予算も増えるからである。

　生産者・団体の生産規模が大きい場合には，横断的なチームを編成して幅広に検討することが求められる。責任者（あるいは代表者）は，最終的な基本設計書を承認する。あわせて関係者の合意を得ることも必要である。

③実施設計

　基本設計に基づいて，自社ホームページのページ分類やページ構造を決める。各ページの関連性が分かるようにページをツリー構造で表現する（図7-3）。

　生産者・団体の生産規模が大きい場合には，横断的なチームを編成して幅

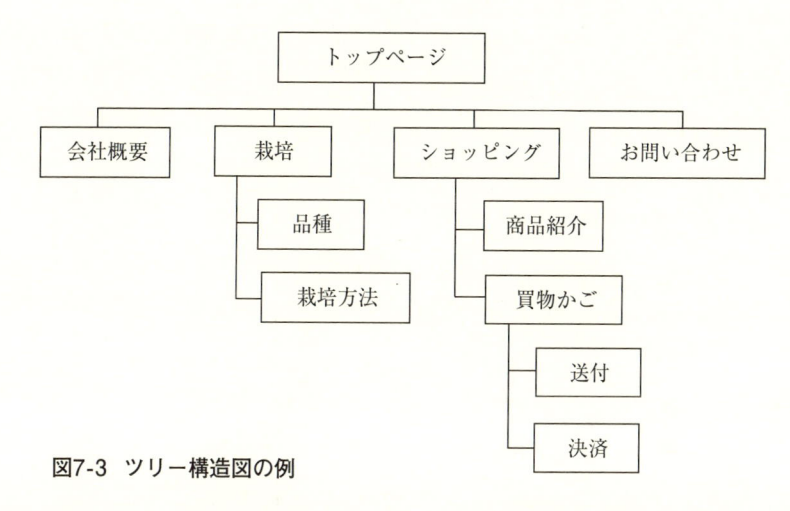

図7-3　ツリー構造図の例

広に検討することも有効である。ただし，ある程度Webに関する知識も必要とされるので，そのようなメンバーがいない場合，サイト制作会社へ委託する。責任者（あるいは代表者）は，最終的な実施設計書を承認する。

　自社ホームページをリニューアルする場合には，現在稼動しているホームページに関するサーバー，容量，データベース構造，利用しているアプリやASPなど詳細な情報を整理しておく。

④ページ制作

　実施設計に基づいて，ワイヤーフレームを作成する（**図7-4**）。

　担当者がHTMLやページ制作ソフトに精通しているのであれば，自前で作成する。そうでない場合，制作会社へ委託することとなる。この場合，担当者とサイト制作会社は，概念設計，基本設計，実施設計にいたるプロセスや結果も含めて情報共有する必要があるので，緊密な連携をとる。

　サイト制作会社へ委託する場合，その委託先の選択が課題となる。個々のサイト制作会社には独自の得意分野があるので，それまでの実績を確認しておく。決して丸投げはしない。収集事例によると，サイト制作会社を決める基準として，知り合いだから，知り合いから紹介されたから，委託料が安い

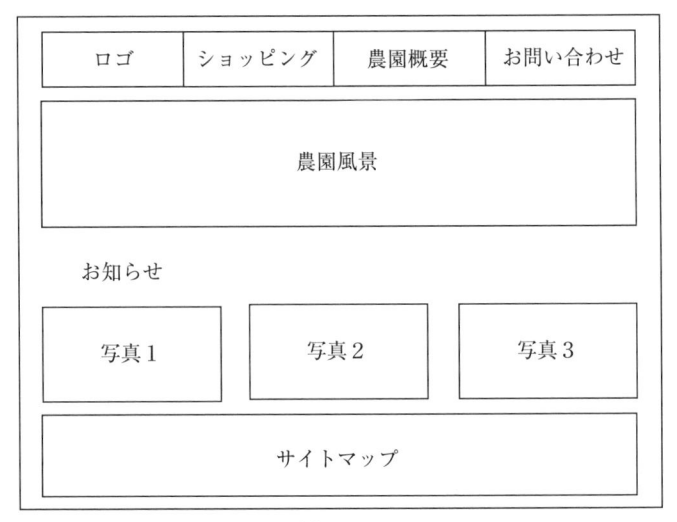

図7-4　ワイヤーフレームの例

から，があげられていた。しかしながら，もし選択肢があるのであれば，円滑な進行を意識しているか，コンテンツの作成まで意識しているか，稼動後のサポートはどこまでか，という観点も入れ込んで委託先を選定することが望ましい。

⑤テスト

　ワイヤーフレームに基づいて，ページ画面を作成する。その途中段階で，テスト段階のページ画面例を関係者へ公開し，意見を募る。

　この段階では，どのページをテストするかを決める。一般的に，重要と位置づけられるページから作成していくので，テストも当該ページが対象となるであろう。

　テストページを評価するとき，「何か意見はありませんか」と尋ねると，思いつきや枝葉末節な意見（なんとなく気にいらない，色合いがしっくりこない，バランスが悪いなど）がでてくることとなる。このようなことのないようにするため，概念設計，基本設計，実施設計にいたるプロセスを簡潔に

まとめた資料も同時に提示する。

　デザインや色合いなどを決める場合，個人の好みによる違いが評価へ大きく反映するので，複数案を提示してランキングしてもらうことが有効である。可能であれば，ホームページを見てもらいたいユーザーにページ画面を提示して，意見を聴取することも有効である。

　担当者とサイト制作会社が協議しつつ，聴取した意見等に基づいて，方向転換すべき事項があれば，修正を施していく。

⑥稼動

　いわずもがなではあるが，自社ホームページをオープンし稼動させることは，当面の目標ではあるが，最終的な目標ではない。自社ホームページのオープンは，最終的な目標達成にいたる出発点であることを意識する。

　ホームページオープンの初期時点では，思いがけないことが起こるので，それに対応できる体制を整えていく。この段階で，アクセス数やコンバージョン数（たとえば，購入者数）の目標値を設定する。継続的に関連指標を整理・分析していく。このため，アクセスログ解析を実施する。たかが数字，されど数字であり，実態としての数値にいたった背景や理由を吟味していく姿勢が求められる。重要なことは，このような吟味の過程を経て，消費者の動きや変化を推測していくようにすることである。そのために，アクセスログ解析において，関連指標の時系列の比較，類似ディレクトリとの比較，上位ページとの比較を行うとともに，定点観測を継続的に実施し，その変化を探る。このような分析を蓄積したうえで，SEO対策，ネット広告，SNS活用などアクセスアップの方法を探ることとなる。

　自社ホームページの稼動後，コンテンツ作りの体制を整備する。更新がされず，いつも同じ情報がアップされているホームページでは，魅力に乏しいといわざるをえない。ユーザーからのアクセス数が増える可能性は小さい。いつ，だれが，どのページを更新するのかを制度化し，マニュアルとして整備しておくことが望ましい。更新では，古くなって意味のなくなったコンテ

ンツを削除するようにしておく。

4 ネット販売取り組みのチェックポイント

　ネット販売への取り組み内容や取り組み方針が適切であるかどうかを判断するためには，マネジメントサイクルであるP（計画）D（実行）C（評価）A（改善）に基づいて確認する必要がある。ここでは，このサイクルに沿って，収集事例の分析に基づいて得られた知見を整理して，チェック項目として提示する。

　これからネット販売に取り組もうとする，あるいはすでに取り組んでいる生産者・団体のリーダーは，それぞれの項目を自らの取り組み状況に照らし合わせて，該当するかどうか確認し評価していただきたい。もし，自分自身で確認できない項目があるならば，該当する担当者へ問い合わせていただきたい。

P（計画）
☐　顧客層や顧客イメージが明確である
☐　顧客に提供する価値提案の内容が明確である
☐　注文数（購入者数）の目標がある
☐　ネット販売の責任者と担当者が決まっている
☐　ホームページの維持管理マニュアルがある
☐　（外注先がある場合）外注先と自社（自家）との役割分担が明確である

D（実行）
☐　ネット販売でアップする商品の入れ替えをしている
☐　ネット販売でアップする商品の価格を見直している
☐　ホームページの更新を週1回以上実施している
☐　SEO対策を実施している

□　ホームページにSNSの窓口がある

□　クレーム対応の担当者が決まっている

□　顧客管理システムが稼動している

□　優良顧客に特別なサービスを行っている

□　農繁期に対応できる体制が整えられている

□　メンバー全員が，サイトのコンテンツ作成に関わっている

□　外注先とコミュニケーションをとっている

C（評価）

□　アクセスログ解析に基づいて分析している

□　アクセスログ解析の分析結果を資料としてまとめ関係者へ伝達している

□　ポータルサイトでキーワード入力し，表示順位を確認している

□　顧客管理システムに基づいて，一定の固定客を確保している

□　クレーム内容について，関係者が情報共有している

□　組織のメンバーからホームページについて意見が寄せられている

□　ネット販売に関する構築・運営コストを把握している

□　複数のシステムが稼動している場合，それらの連携がとれている

A（改善）

□　改善策を検討するスケジュールが決まっている

□　改善策を検討する体制がある

□　改善策を実行することが担保されている

□　インターネット技術に詳しい人材を採用しようとしている

□　マーケティングに詳しい人材を採用しようとしている

索　引

あ

アクセスログ解析 …… *85, 93, 106, 167,*
　169
後払い …… *15, 77, 94, 106, 127*
アフィリエイト …… *20*
アンテナショップ …… *70*
異業種参入 …… *87*
eコマース …… *13*
イノベーション …… *12*
eマーケットプレイス …… *18-19*
インターネットオークション …… *139*
インターネット革命 …… *12, 17, 140*
衛生管理 …… *44, 146*
HTML …… *18, 23, 165*
HTTP …… *23*
SEO対策 …… *16, 66-67, 77, 81, 90, 95,*
　97, 104, 106, 119, 133-136, 152, 160,
　167-168
SNS …… *3, 12, 21, 81, 90-91, 95, 105, 108,*
　115, 125, 138, 150, 160, 167, 169
SWOT分析 …… *157*
XML …… *23*
OEM加工受託 …… *113*
温度管理 …… *44, 146*

か

海外輸出 …… *81*
会社法人 …… *26*
買い物かご …… *13-14, 68, 94, 113*
家族経営 …… *102, 112, 114, 155*
カタログ通販 …… *13, 21, 68*
カタログ販売 …… *12-13*
貨幣換算 …… *119*
慣行栽培 …… *76*

観光農園 …… *65-67, 104-105, 129, 132,*
　134, 138, 158, 160, 164
機会 …… *19, 157-158, 160-161*
技術規格 …… *23*
基本設計書 …… *164*
脅威 …… *157-158*
共選出荷 …… *78*
競争優位 …… *125-128, 140*
銀行振り込み …… *33, 79*
キーワード検索 …… *16, 27, 160*
クラウドシステム …… *92*
クラウドファンディング …… *140*
クレジットカード決済 …… *33, 84, 90,*
　94, 108, 134
計画購買 …… *15*
顕在顧客 …… *138*
限定販売 …… *73-74*
耕作放棄地 …… *67, 101, 103, 157*
購入履歴 …… *15*
顧客管理システム …… *71, 83, 109, 125,*
　134, 136, 160, 169
コスメ …… *32, 64-65, 157*
コモディティ化 …… *137*
コラボレーション …… *91-93, 107, 111,*
　117-118, 122, 125-126, 131, 133-134,
　159
コンテンツ …… *77, 84, 90, 106, 108, 127,*
　129, 159, 162, 166-167, 169
コンビニ決済 …… *33*

さ

栽培契約 …… *17*
財務業績 …… *127*
サプライチェーン …… *127*

３セク方式 …… 95
事業目標 …… 156-158
事業理念 …… 156-157
市場外流通 …… 18, 87
システムエンジニア …… 84
自然栽培 …… 63, 135
自然食品 …… 20
実施設計書 …… 165
シナジー効果 …… 17, 67, 136, 158
ジャージー牛 …… 93
上位顧客 …… 97, 138
商圏 …… 19
消費者起点 …… 145
情報の非対称性 …… 22-23, 101, 130
食の外部化 …… 82, 102
食品トレーサビリティシステム …… 19
植物工場 …… 12, 102
新規顧客開拓 …… 81-82
人事交流 …… 123
循環型農業 …… 87
情報規格 …… 22
ストアーズ …… 71
スピアマンの相関係数 …… 41-42
スマホ …… 3, 21, 33-34, 64, 70, 84-86, 88,
　91, 98-99 108, 125, 137, 152, 157
生鮮標準商品コード体系 …… 23
セキュリティ …… 106, 108
全体戦略 …… 155-156
潜在顧客 …… 138
ソーシャルメディア …… 138, 160
相対的価格 …… 127-130

た
代金引換 …… 33
代引き決済 …… 90
地域ブランド …… 57, 157-158
強み …… 157-158

TCP/IP …… 22
ディレクトリ …… 167
テレビショッピング …… 13, 138
電子商取引 …… 13
トップダウン型 …… 141
トリミング …… 87-88
トレードオフ …… 22-23, 129-130, 133,
　135-136, 148-149, 159-161

な
名寄せ …… 136
日本農業法人協会 …… 27
ネットスーパー …… 19-20, 43, 45-46,
　48-51, 58
ネットバブル …… 18
ネットマーケティング …… 91
農事組合法人 …… 26
農商工連携 …… 22
農地所有適格法人 …… 26-27
農福連携 …… 22
軒先販売 …… 72-73, 105, 107, 134

は
バイオマス …… 89
パブリシティ …… 65
ピアソンの相関係数 …… 40
B to C …… 13, 18-19
B to B …… 13, 18-19
非計画購買 …… 15
標準規格 …… 23
費用対効果 …… 16, 88, 116, 120
フィッシャーの直接検定 …… 31, 51-52
プライベートブランド …… 94
ブラウンスイス …… 95
ブランド …… 17, 44, 60, 65, 71-73, 98,
　107, 116, 132, 134, 140, 144-145,
　147-148, 152, 157, 162

フリマサイト …… *139, 159*
ふるさと納税 …… *21, 69, 78-79*
ブログ …… *21, 70, 76-77, 86, 100, 108,
　113, 115, 160*
ブロードバンド …… *22*
訪問販売 …… *12-13*
ポータルサイト …… *16, 18-19, 108, 160,
　169*
ホルスタイン …… *95*

ま
埋没コスト …… *132*
前払い …… *15, 71, 106, 127*
マスメディア販売 …… *13*
マネジメントサイクル …… *168*
マルシェ …… *143-144*
無店舗販売 …… *12*
無農薬無化学肥料栽培 …… *63, 135*
無農薬野菜 …… *20*
もぎ取り …… *65-68, 136*

や
有機栽培 …… *63, 76, 131*
有機JAS認証 …… *75, 152, 158*
有機野菜 …… *20*
有機農業 …… *20, 76*
Uターン …… *72, 75, 84*
弱み …… *157-158*

ら
リスティング …… *90, 99*
リッチネス …… *22-23, 130*
リーチ …… *22-23, 130*
レコメンデーション機能 …… *15*
レシピ …… *147, 150, 152-154*
レビュー …… *115*
6次産業化 …… *22, 27, 107*
ロングテール現象 …… *20*

わ
ワイファイ …… *22*
ワイヤーフレーム …… *165-166*
ワードプレス …… *81, 84, 88*

著者略歴

伊藤 雅之（いとう まさゆき）

1955年	宮城県生まれ
1979年	東京工業大学理学部情報科学科卒業
1981年	東京工業大学大学院総合理工学研究科システム科学専攻修士課程修了
1981年	株式会社三菱総合研究所入社　社会インフラに関するビジョン策定や整備効果計測等各種調査に従事
2007年	東北文化学園大学総合政策学部准教授
2011年	博士（農業経済学，東京農業大学）
2014年	尚美学園大学総合政策学部教授

農産物販売におけるネット活用戦略
―ネット販売を中心として―

2018年3月31日　第1版第1刷発行

著　者　伊藤雅之
発行者　鶴見治彦
発行所　筑波書房
　　　　東京都新宿区神楽坂2－19銀鈴会館
　　　　〒162－0825
　　　　電話03（3267）8599
　　　　郵便振替00150－3－39715
　　　　http://www.tsukuba-shobo.co.jp

定価はカバーに表示してあります

印刷／製本　中央精版印刷株式会社
© Masayuki Ito 2018 Printed in Japan
ISBN978-4-8119-0529-7 C3033